業態別化粧品

流通別、業態別に戦う化粧品会社

化粧品ブランドは流通、業態別に開発されています。それぞれの市場ごとに各社がしのぎを削っています。

単位百万円

販売形態	2019年 売上高	前年比	構成比	代表的会社
化粧品店	294,000	98.0	12.1	資生堂、カネボウ、アルビオン
ドラックストア	734,000	102.6	30.1	資生堂、カネボウ、ロート製薬
量販店	337,000	100.6	13.8	資生堂、カネボウ、コーセー
百貨店	235,000	103.8	9.6	資生堂、クリニーク、シャネル
訪問販売	262,000	98.0	10.8	ポーラ、メナード、アムウェイ
通信販売	426,000	108.0	17.5	DHC、ファンケル、オルビス
その他	149.000	100.5	6.1	ミルボン

写真提供：PIXTA

化粧品業界地図

化粧品各社の流通別ブランド展開

「あのブランドがあの会社って知らなかった」ということがありませんか？　大手化粧品会社はブランドや社名を変えて、各流通に沿ったブランドを展開しています。

<table>
<tr><th></th><th>百貨店</th><th>（専門店&百貨店）</th><th>専門店</th><th>バラエティ</th><th>専門店&GMSドラッグストア</th><th>通販</th><th>訪販</th></tr>
<tr><td>資生堂</td><td colspan="5">資生堂（クレドポー）（ベネフィーク）</td><td></td><td></td></tr>
<tr><td>アウトオブ</td><td>イプサ
ナーズ
ベアエッセンシャル
ローラメルシエ</td><td></td><td>ディシラ
キオラ</td><td>エトゥセ</td><td>フィティット</td><td></td><td></td></tr>
<tr><td>カネボウ</td><td colspan="5">カネボウ（ルナソル）（インプレス）（トワニー）</td><td></td><td></td></tr>
<tr><td>アウトオブ</td><td>RMK
SUQQU</td><td>リサージ</td><td></td><td></td><td></td><td></td><td></td></tr>
<tr><td>花王</td><td colspan="5">ソフィーナ（エスト）</td><td></td><td></td></tr>
<tr><td></td><td></td><td></td><td></td><td></td><td>ニベア</td><td></td><td></td></tr>
<tr><td>コーセー</td><td colspan="5">コーセー（ボーテドコーセー）（コスメデコルテ）（プレディア）</td><td></td><td></td></tr>
<tr><td>アウトオブ</td><td>アウェイク
アディクション</td><td>ジルスチュアート</td><td></td><td>フィルナチュラント</td><td>コスメニエンス</td><td></td><td></td></tr>
<tr><td>アルビオン</td><td></td><td>アルビオン</td><td></td><td></td><td></td><td></td><td></td></tr>
<tr><td>アウトオブ</td><td>レ・メルヴェイ
インフィオレ</td><td>アナスイ
ポール&ジョー</td><td></td><td></td><td></td><td></td><td></td></tr>
</table>

▲ナーズ　by ookikioo

▼資生堂（スキンケア）
by earthlydelights

▲ニベア（制汗剤）
by Ihsan Khairir

◀ポール&ジョー
by ookikioo

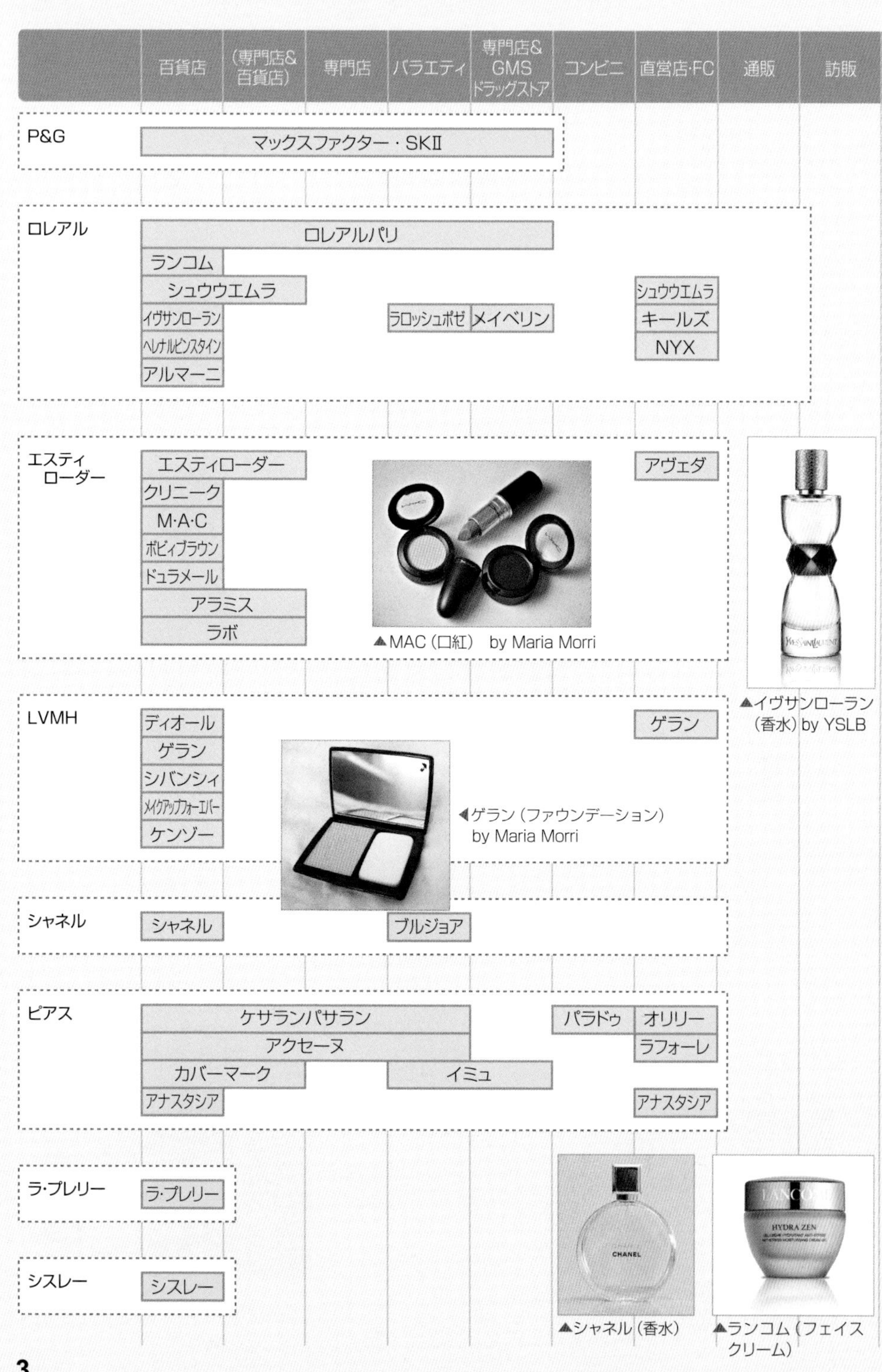

▲MAC（口紅） by Maria Morri

▲イヴサンローラン（香水）by YSLB

◀ゲラン（ファウンデーション） by Maria Morri

▲シャネル（香水）

▲ランコム（フェイスクリーム）

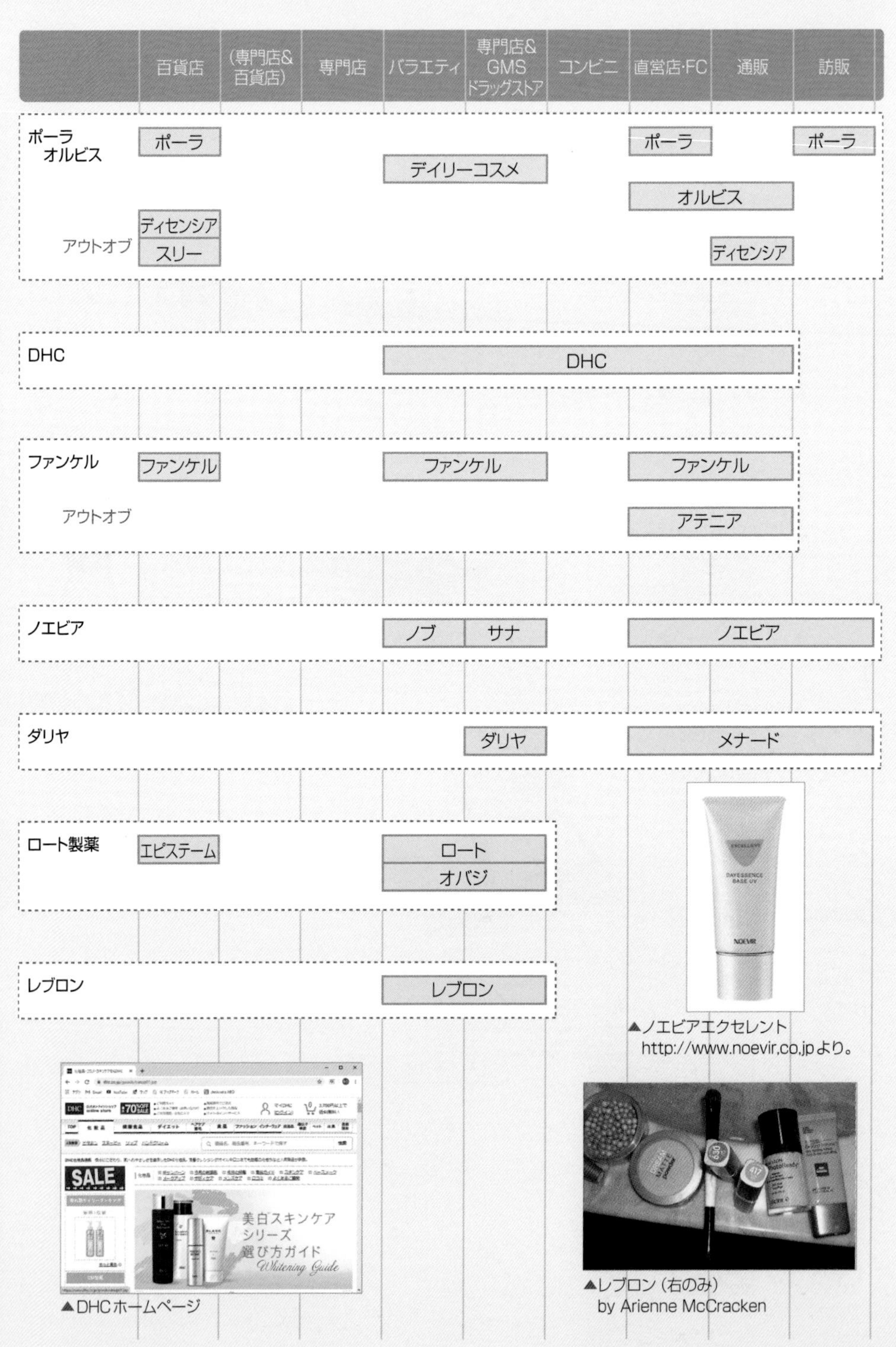

▲ノエビアエクセレント
http://www.noevir.co.jp より。

▲レブロン（右のみ）
by Arienne McCracken

▲DHCホームページ

How-nual Shuwasystem Industry Trend Guide Book

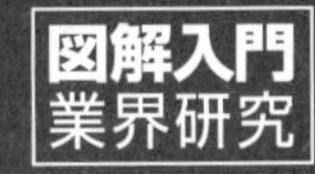

動向とカラクリがよ～くわかる本

業界人、就職、転職に役立つ情報満載

［第5版］

化粧品コンサルタント
梅本 博史 著

秀和システム

表紙、本扉写真提供：PIXTA

はじめに

本書『化粧品業界の動向とカラクリがよくわかる本』はこれで第5版になります。

初版は二〇〇五年に刊行し、一五年にわたる間、化粧品業界の方、化粧品業界への就職を目指す方、お仕事で化粧品業界に関わる方まで、広くお読みいただいおります。化粧品業界の知識はまったくない方から、化粧品業界のプロの方にも納得していただけるものと自負しております。

さて、今回、第5版を執筆するに当たり悩んだことがあります。制度品流通の内容についてのボリュームがこれまでと同じでよいのかということです。市場が激変し、力のあった制度品流通が、現在ではドラックストアと通信販売に押され大きくシェアを落としています。

しかしながら、制度品システムが生まれたことで業界の隆盛をもたらしたのだと筆者は思っています。ですから今回も、制度品の成り立ちからそれ以後の時代の推移について従来どおり執筆しました。

第4版は二〇一六年に執筆し、本書との大きな相違点は中国人顧客の影響に関する点です。第4版執筆の際にはその前年に「爆買」がありましたが、前著第4版と本書当時は未だ免税店への影響にとどまっていました。しかし、現在はこのインバウンド売上の影響がドラッグストア流通から訪問販売、通信販売、すべての流通に及んでいます。またインバウンドだけでなく、越境ECによる中国市場への進出も大きな規模になってきました。

本書ではこのインバウンドの影響を随所に盛り込み、最終章では最新の中国市場戦略について大きくページを割きました。したがって、第4版までをすでにお読みいただいた方にも十分満足いただけると思います。

二〇二〇年上旬の新型コロナ禍に見まわれる中、化粧品業界へのインパクトは推し量ることもできませんが、アフターコロナ以降の同業界も、構造的な変化を強いられながらも、当面は、制度的にも業界の伝統を継承するものと思われます。

本書がお読みいただいた方のビジネスのヒントの一助になればと願っています。

二〇二〇年五月　梅本博史

最新化粧品業界の動向とカラクリがよ～くわかる本［第5版］●目次

第3章 セルフ化粧品の動向とカラクリ

第4章 専門店流通の動向とカラクリ

第5章 百貨店ブランドの動向とカラクリ

第9章 化粧品ビジネスのカラクリ

第10章 化粧品プロモーションのカラクリ

第11章 化粧品業界で働く人々

第12章 中国市場の動向とカラクリ

Data 資料編

化粧品業界の動向

日本の化粧品産業は、国際競争力も高い有望な産業です。高齢化社会を迎え、今後も化粧品需要は安定的な伸びが予想されます。一方で、ドラッグストアや通信販売の台頭が流通市場を大きく変えています。

1 ノンライバルとなる日本の化粧品

化粧品産業はハード、ソフトの両面において知識、技術を集約したものであり、他国の追随を許さない産業になると思われます。

ハード面の優秀さ

日本の製造業の中において化粧品産業は、知識・技術の粋を集めた産業であるといえます。化粧品研究においては細胞レベル以上の深い分野にまで研究が注がれており、安全性試験についても細心の注意が払われています。そして、化粧品製造には様々な分野の製造技術が集約されています。化粧品の成分は薬学、生化学などの先進的な技術が応用されていますし、容器については硝子やプラスティック、紙製造における最先端の技術が使用されています。

また、化粧品は一つのラインで一日に数万個製造することも可能です。ですから労働集約的な産業に比べ、製造コストに人件費が乗ることも少なく、人件費の安い他国に製造ラインが移ってしまうことも考えにくい産業です。

ソフト面での優秀さ

また、デザインについてもブランドデザインや容器のデザイン*において、デザイン価値の高い製品に仕上がっています。化粧品のデザインは、同じファッションビジネスであるアパレル製品のように、簡単に模倣されるようなものでもありません。

近年は日本式の化粧品の販売手法も注目されています。欧米でも、日本式の「**おもてなし**」を基本とした化粧品販売手法を見習うブランドが出てきましたし、日本の化粧品ブランドがアジアに進出する際にも、この日本式の販売手法ごと輸出されたりしています。

＊容器のデザイン 多くの化粧品の容器は、日本のトップクラスのデザイナーがデザインしている。

　このように、日本の化粧品産業はハード、ソフトの両面において、化粧品大国のフランスや米国のブランドに比べても、競争力は高く、後発のアジア諸国に対する参入障壁も築かれています。他の製造業に見られるような、アジア諸国や中国の製品に圧されることはしばらくないと考えられます。

厳しい日本市場で生き残った製品

　日本の化粧品の商品力が高いのは、日本の消費者の極めて鋭い目があるからです。品質の劣る化粧品はすぐに市場から排除されます。安かろう悪かろうの化粧品は日本では決して成功しません。逆にブランドイメージも高く、効果や効能の高い製品は高い価格でも購入されます。

　このように、極めて厳しい日本市場において競争を重ねてきた日本の化粧品は、世界にも比類のないほどレベルの高い産業に育ち、今後も、世界市場における競争力を保ち続けることが予想されます。

化粧品のハードを構成する要素

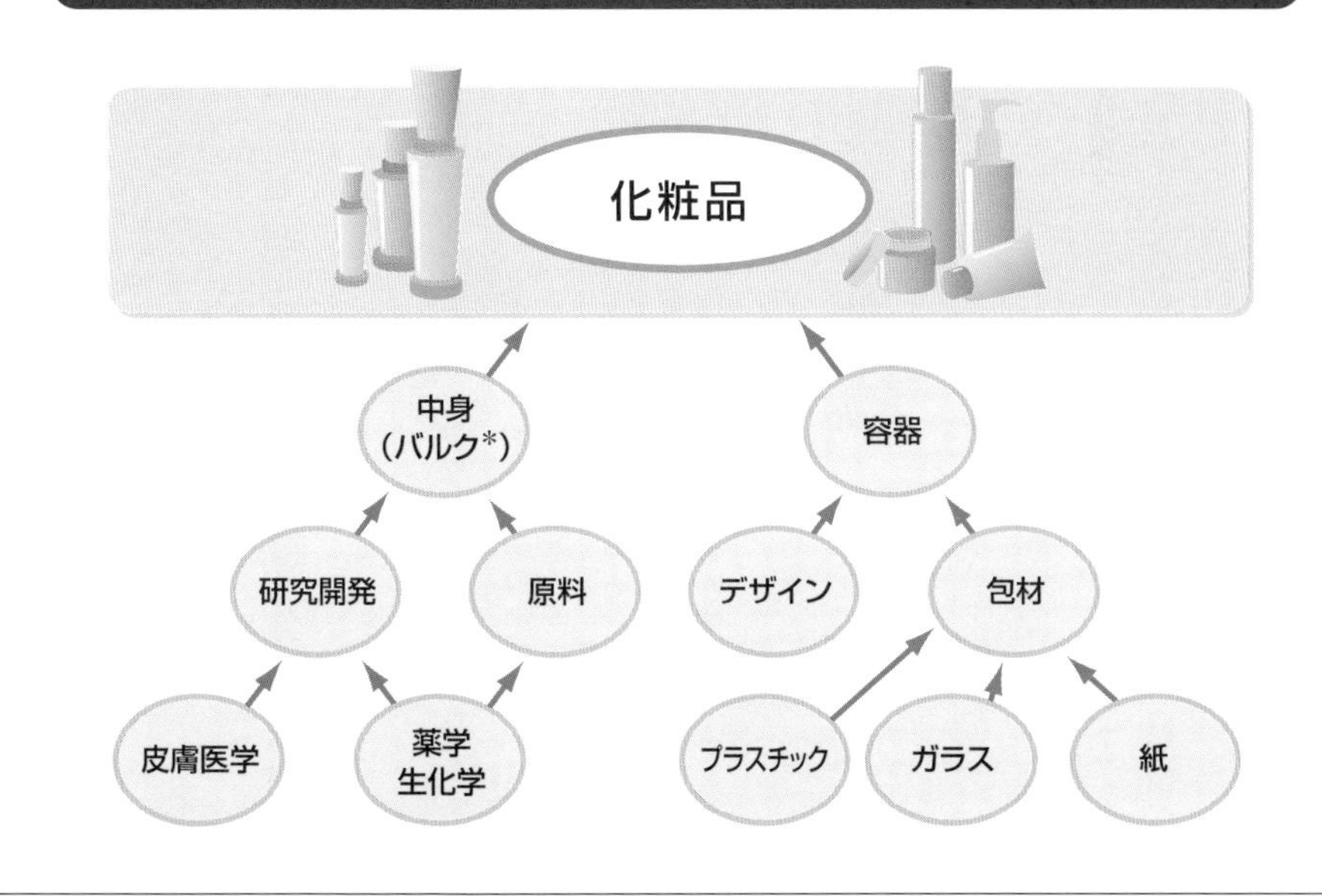

＊バルク　化粧品製造現場における用語。化粧品を容器に充てんする前の中身のこと。

2 不況にも強い化粧品業界

以前のような高度成長とはいかないまでも、バブル期以降も、わが国の化粧品業界は堅調な伸びを示しています。

安定した売上

バブル経済崩壊後、多くの業界はマイナス成長を余儀なくされました。バブル崩壊の影響は、化粧品業界にも大きくのしかかってきました。

バブル期においては化粧品業界も非常に好景気で、バブル絶頂期においてはカネボウの「アフィニーク*EXクリーム」という、五万円のクリームが年間で九〇億円以上も売れたということも話題になりました。バブル期においては多くの外資系百貨店ブランドも育ちました。

しかし、バブル崩壊後は超高級化粧品の売上の伸びが陰を潜めました。逆にユニクロ*ビジネスに代表される、デフレ傾向の商品の売上が好調な時代になると、低価格の、いわゆるセルフ化粧品の売上が伸びてきました。また、インターネットと共に通販化粧品が隆盛を極めるようになってきました。

このように、化粧品産業は時代時代のニーズに合わせて、メーカーごとの好不調はあっても業界全体では安定的に伸びてきました。

安定的売上の要因

化粧品業界が安定した伸びを示している要因について、次のように考えられます。経済が好調のときはバブル期のように、高級化粧品がよく売れます。どんな消費財でも同じですが、景気が良くなると需要が増えます。特に女性は懐が暖かくなると、化粧品やファッションにお金をかける傾向にあります。

用語解説
*アフィニーク　カネボウのスキンケア、メイクアップ用の最高級化粧品のシリーズ。
*ユニクロ　ファーストリテイリング社が展開するカジュアルウェアのブランド名。

逆に経済が不調のときはどうでしょう。不景気になったとしても、化粧品の売上は一挙には落ちません。化粧品は食料品のように、女性にとっての必需品ですので、収入が減ったからといって一挙に使わなくなるというものではありません。もちろん、収入が減ったので、化粧品のランクを落とそうという人はいますが、高品質のスキンケアから品質を落とすのは、女性にとってなかなか難しいものです。

また不景気であれば、これまで家庭にいた主婦が外に働きに出ることもあります。外出の際は、少しはメイクもしようと考えます。

このように、化粧品業界は結果的に、景気の好不調の波をそれほど受けないようにできています。今後、コロナショック以降にわが国の経済が大不況になったとしても、化粧品業界自体はその中でも売上を伸ばしていく余地が見つけられるはずです。

化粧品の好循環サイクル

好景気のサイクル

好景気

女性の収入が増える

高級化粧品が売れる

不景気のサイクル

【口紅指数】2001年秋のアメリカの不況時、他の高級品の売上が低下する中、口紅の売上が11％増加した。この現象はエスティローダーの会長、レナード・ローダーによって「口紅指数」と命名された。

3 海外移転しない化粧品産業

日本の化粧品は中国など、アジア諸国でたいへん人気があります。他の製造業に比較して、今後十分に伸びが期待できる産業です。

輝きを失いつつある日本の製造業

日本の製造業は優秀な国民性を活かして、欧米の先進諸国に追いつけ追い越せと努力をし、技術革新、カイゼンを続け、戦後比類のない速さで、世界のトップクラスの位置にまで駆け上がりました。自動車や家電は世界的にも競争力は高く、「メイドインジャパン」の製品を愛用する消費者は全世界に分布しています。

しかしながら、ＩＴ技術の進展などにより、技術や情報が全世界に同時に伝わる時代になると、技術面での優位性が追随する企業に対する参入障壁となる期間が短くなり、アジア諸国、特に中国が製造する製品に追い越されてしまいます。中国は「世界の工場」といわれ、日本発の製造業も、中国に拠点を移さなければならなくなってきました。

独自の地位を築く日本の化粧品産業

一方、前述のとおり、日本の化粧品製造業は海外移転される恐れは皆無といっていいでしょう。

二〇一五年の「爆買」以降、海外、特に中国人観光客、いわゆるインバウンド顧客がお土産として日本製化粧品が購入されるようになりました。また購入された商品がリピートとしてお取り寄せ*されることも多くなりました。そして、中国への製品輸出も拡大し、中国人向け市場の売上が大きく伸びました。二〇一五年から二〇一九年までの化粧品出荷額の持続的な伸びはこの中国市場向けの拡大によるものです。

中国人消費者の間で日本の化粧品は大変人気があり

*…**お取り寄せ**　12-5節で述べている「中国人消費者が越境ECを利用する理由」を参照。

ます。メイドインジャパンと記載された化粧品には信頼が寄せられます。一時期、資生堂が中国工場で製造し、メイドインチャイナの資生堂製品を販売しましたが振るいませんでした。資生堂への信用度よりもメイドインジャパンへの信用度の方が高かったといえます。

トヨタやパナソニックのような日本を代表するメーカーが中国に工場を移転しています。関税の問題や中国から日本への利益移転の難しさからそうせざるを得ないのでしょう。しかし、化粧品だけは関税の問題があって日本で製造した製品でないと売れないのです。

フランスなど欧米の化粧品は**フレグランス***が中心となっています。化粧品は体臭を消すという目的が欧米には強いからです。しかし、日本をはじめアジアの国々はスキンケアが中心です。日本の化粧品は美白を初め、スキンケア研究が極められ高機能な化粧品が次々に開発されています。アジアの女性にとって日本の化粧品は憧れの的です。メイドインジャパンがアジアで好まれる限り、日本の製造業は海外に製造拠点を移転するというようなことはないでしょう。

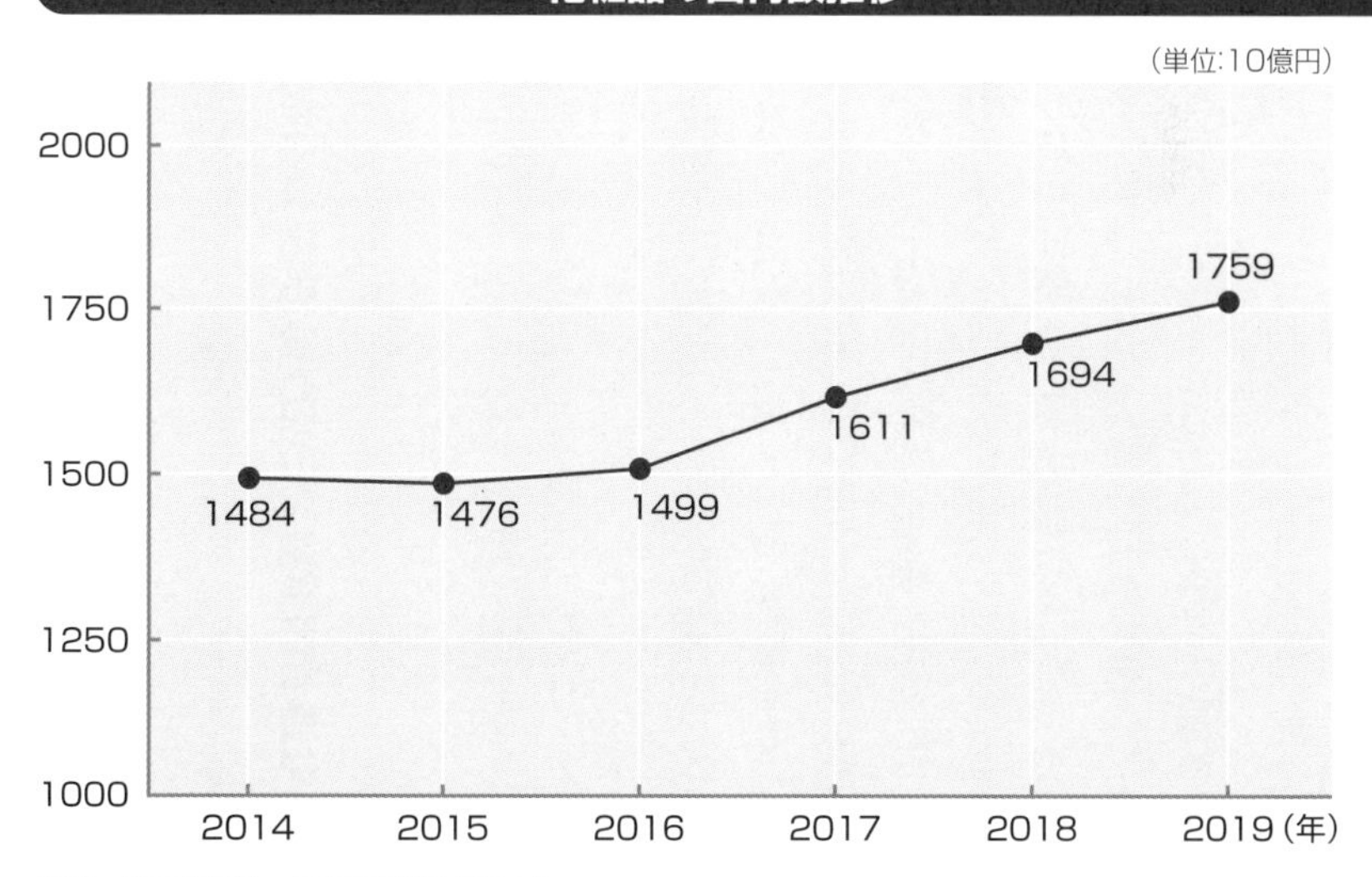

出典：経済産業省　生産動態統計年報より

***フレグランス**　オーデコロンや香水などの芳香製品の総称名。アルコールと香料の割合(**賦香率**)から、**香水**(15〜25%)、**オードパルファム**(5〜10%)、**オードトワレ**(3〜5%)、**オーデコロン**(2〜7%)などに分類される。

4

飽くなき女性の欲求

いつでも美しくありたいと願う気持ちは全女性共通の願いです。化粧品人口の対象は若年層から高齢者までどんどん幅が広がっています。

化粧品人口とは

八〇年代には、「化粧品人口」とは一八歳から五九歳までの女性人口をもって計算しました。しかしながら、現在ではどうでしょう。

女性が化粧品を使い始めるのは高校卒業時期というのではまったくありません。八〇年代までは、資生堂やカネボウでは、高校の女生徒を卒業時期に別会場に動員して、美容講習会を開いていました。しかし現在では、どのメーカーも高校卒業時期の美容講習会を開いていません。高校卒業時に化粧方法を教えるのでは遅すぎるからです。

現在では、高校生が化粧するのは当たり前です。最近は中学生、小学生でも化粧品を購入します。実態に合わせるのなら、中学卒業時期に美容講習会を行うのがよいでしょうが、それでは世間的に受け入れられないかもしれません。

一方、高齢化社会を迎えた中、高齢者はとても元気です。化粧品人口のアッパーを六〇歳までと考えるのはとんでもない話です。六〇代、七〇代の女性にも化粧品のヘビーユーザーは大勢います。化粧品専門店の高額愛用者はたいてい、この年代です。

現在、どの化粧品メーカーも競い合ってエイジング*化粧品を発売しており、人気の的となっています。女性が化粧品を使わなくなるのは「美しさを諦めたとき」でしょう。

美しさに対する女性の飽くなき欲求がある限り、エイジング化粧品はますます売れ続けるといえます。

＊エイジング　積極的に美しく年を重ねることをエイジングと呼び、そのための化粧品を**エイジング化粧品**と呼ぶ。

いまや「化粧品人口」の対象は、ローティーンから七〇代の女性までと、とても幅広くなってきました。

化粧品人口の伸び

下表は一九八〇年と二〇一九年の女性の年齢別人口です。一九八〇年と二〇一九年を比較すると二〇代から五〇代まで各年代で女性人口は減少しています。今後わが国の総人口は減少傾向にあります。

しかしながら、一九八〇年の化粧品人口は一八～五九歳といわれていました。二〇一九年の化粧品人口を一五～六九歳と定義し直すと、一九八〇年の三四八九万人に対して二〇一九年は四〇五四万人となり、化粧品人口自体は五六五万人も増加することとなります。

国内の総人口が減少傾向にある中、高齢者の化粧品需要が増えることで、化粧品人口は増えてきたのです。

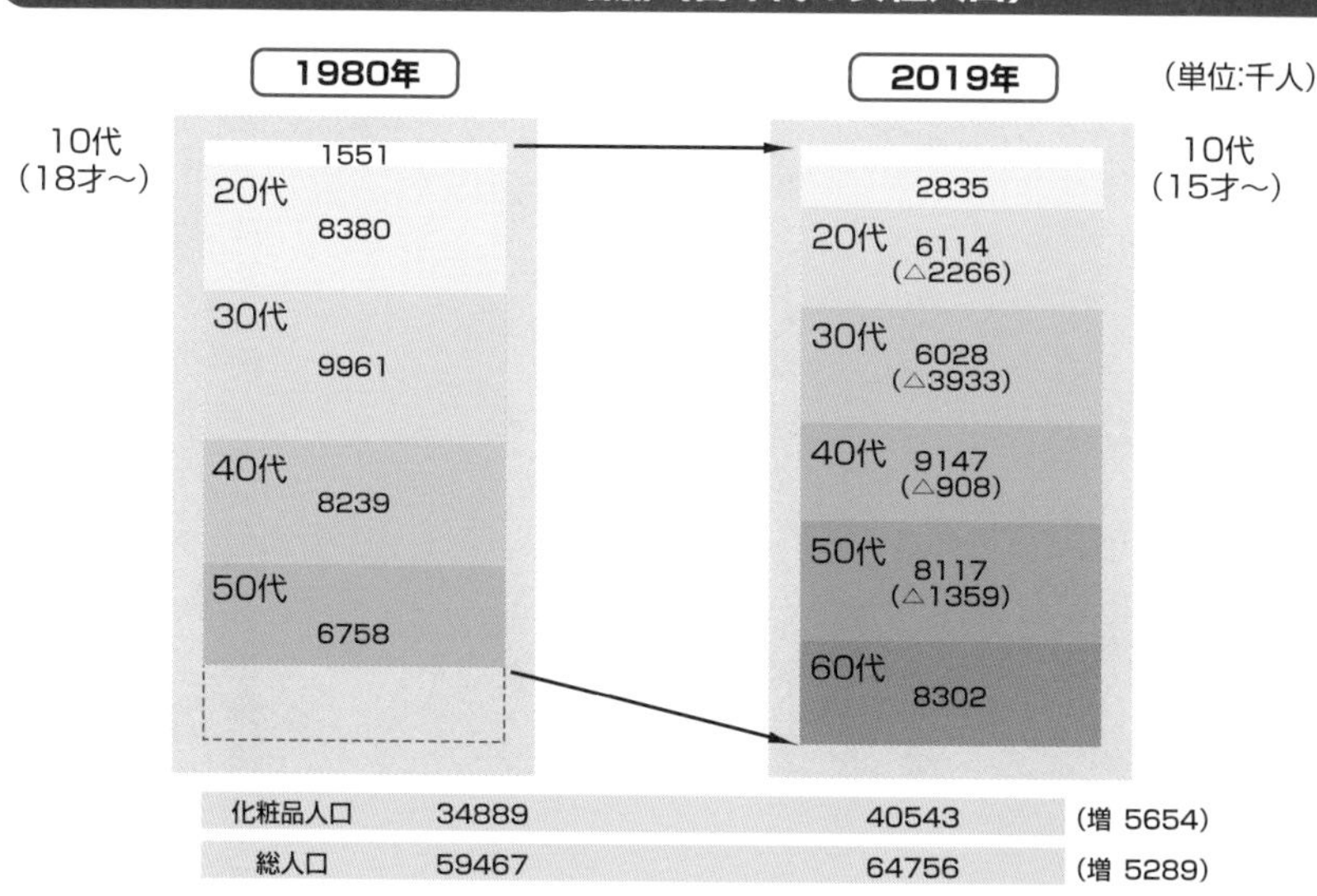

【団塊世代とエイジング化粧品】団塊の世代が60代に達するようになり、ますますエイジング化粧品の市場は大きくなる。

5 ビジネス成功の鍵はスキンケア

化粧品を商品別に分類するとスキンケアが全体の半数となります。化粧品ビジネスの成功の鍵はスキンケアにおける売上拡大です。

化粧品の分類

化粧品を商品別に分類するとスキンケア、メイクアップ、ヘアケア、フレグランスとなります。構成比はスキンケアが五〇・四％、メイクアップが二一・二％、ヘアケアが二二・四％、フレグランス*が〇・三％です。

スキンケアが成功の鍵

化粧品ではスキンケアとメイクアップが大きなボリュームです。化粧品ビジネス成功の鍵は、スキンケアをいかに拡販するかにかかっているといわれています。メイクアップ商品はいろいろなブランドを使っても、スキンケアだけはずっと固定的に同一ブランドを使い続ける、というのが一般的な購入スタイルです。そして、一度そのスキンケアのユーザーになれば、なかなかブランドスイッチはせず、使い続ける傾向にあります。

逆に新規顧客を獲得することは難しく、スキンケアの新規顧客を獲得しようとするブランドは、まずは試供品やテスターでその商品がお客様の肌に合っていて、良い商品であることを知っていただくことに注力します。また、メイクアップやヘアケアなどを購入されたお客様にもスキンケアを試用いただいて、併せて購入いただけるように努めます。

スキンケア新規顧客を愛用者に繋げていくことが、そのままブランドの固定客づくりに繋がっていくと考えられています。

＊フレグランス　資料は国内出荷実績からの実績なので、輸入フレグランスは含まれていない。

華はメイクアップ

　メイクアップ商品は化粧品全体の約五分の一、スキンケアの約半数ですが、テレビコマーシャルで大手化粧品会社が宣伝するのは、多くがメイクアップ商品です。メイクアップ商品は流行に左右されますが、「華」があります。

　メイクアップ商品については、ブランドを特定していないユーザーが多く、新しいユーザーを獲得するには、地味なスキンケアよりメイクアップ商品の方が獲得しやすいと考えられています。

　メイクアップ全体の約半数がベースメイクです。ファンデーションは大きなボリューム商品で、しかも固定化率がスキンケア並みという商品であるため、どの会社も力を注いでいます。

　欧米では化粧品の「華」はフレグランスです。しかし、日本やアジアではフレグランスはそれほど売れず、そのぶんスキンケアの売上が高いのが特徴です。

2019年化粧品出荷販売実績

(単位：百万円)

	出荷金額	前年比	構成比
洗顔・クレンジング	149,656	110.0	8.5
化粧水	228,477	121.7	13.0
乳液・クリーム	174,477	116.3	9.9
美容液	196,098	114.8	11.1
その他	137,989	102.0	7.8
スキンケア合計	886,697	113.9	50.4
ファンデーション	143,262	102.3	8.1
口紅	67,859	106.5	3.9
アイメイクアップ	47,542	106.1	2.7
まゆ墨・まつ毛	49,255	110.1	2.8
その他	64,442	109.1	3.7
メイクアップ合計	372,359	105.7	21.2
シャンプー	88,824	82.7	5.0
リンス・ヘアトリートメント	106,172	105.9	6.0
染毛料	105,679	102.0	6.0
その他	92.829	99.4	5.3
ヘアケア合計	393,503	97.2	22.4
フレグランス合計	4,908	113.0	0.3
日焼け止め	66,679	118.6	3.8
その他合計	35,103	87.7	1.4
合計	1,759,260	107.8	100.0

6

激変する流通別構成比

化粧品を販売する流通が大きく変化しています。特にドラッグストア、通信販売の伸びが、流通市場を大きく変えています。

化粧品流通

化粧品業界で「**流通**」とは販売ルートのことです。実は化粧品業界において、この「流通」が大きな鍵を握っています。化粧品ビジネスでは、流通によって販売されるブランドが異なり、その流通によって強いメーカーも異なります。

例えば、食料品であれば、スーパーであろうと、街の食料品店や百貨店であろうと、売っているブランドにそう変わりはありません。しかし、化粧品の場合、流通とブランドがリンクしています。したがって、どの流通の力が強くなったかで、勢いのあるブランドやメーカーが変わってくるのです。

現状の流通別構成比は化粧品店が約一二%、訪問販売が約一〇%、量販店が約一七%、ドラッグストアが約三〇%、百貨店が約一〇%、通信販売他が約一七%となっています。

一九八〇年頃には、ドラッグストアや通信販売という概念がありませんでした。八〇年当時では専門店が全体の五〇%、ストアが一五%、百貨店が一〇%、訪問販売が二〇%といったところでした。

ドラッグストア、通信販売の登場

この三〇年の間に、店頭販売ではドラッグストアが台頭しました。**マツモトキヨシ**＊などの大型チェーンストアが勢力を拡大し、都心の繁華街には各チェーンがしのぎを削っています。郊外にも巨艦ドラッグストアが誕生しています。

＊マツモトキヨシ 1954年に有限会社として設立。1975年、株式会社に改組、現在に至る。ドラッグストア最大手。

てしまったといえます。小規模の専門店は、近隣のドラッグストアに押され廃業を余儀なくされています。また、ドラッグストア誕生以前には、隆盛を極めていたイトーヨーカドーやイオンなどのGMS*も、ドラッグストアとの大きな差別化が図れずに苦戦を強いられています。

通信販売の伸びも市場に大きな影響を与えています。ファンケルやDHC*など、通販化粧品が力を伸ばし、店頭販売中心のブランドにも少なからず影響を及ぼしています。

そして、店頭販売以上に通信販売に影響されたのが、同じ無店舗販売の訪問販売です。訪問販売はもともと化粧品販売における主要な流通でした。ポーラ化粧品は訪販化粧品業界のみならず、化粧品業界全体の老舗メーカーですし、七〇年代は、世界的にはエイボン・プロダクツが世界ナンバーワンの売上でした。

しかし、物流が整備され、通信販売が便利になると、訪問販売は苦戦を強いられるようになりました。

このドラッグストアが専門店や量販店の売上を食っ

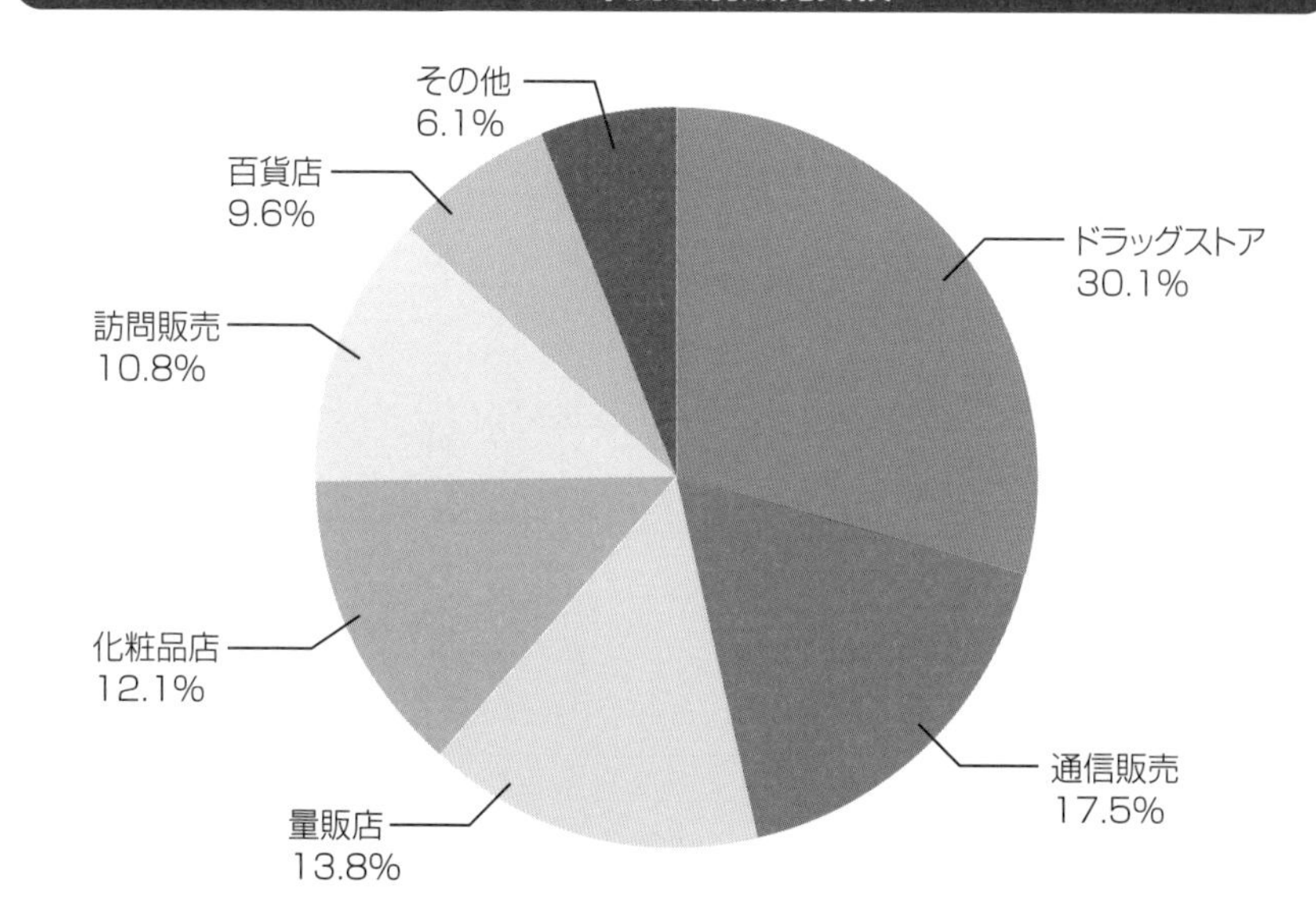

*GMS　General Merchandise Storeの略。ゼネラルマーチャンダイズストア。総合小売業ともいう。食品や日用品、家電、衣服などを扱う大規模なスーパーのこと。

*ファンケルやDHC　第6章参照。

7

売上高上位の化粧品会社

化粧品業界の売上第一位は資生堂です。花王グループやコーセーが資生堂を追っていますが、近年は通販など別流通の会社の追い上げが顕著です。

制度品流通

制度品流通の会社の一位は資生堂、二位はカネボウ・花王、三位はコーセー・アルビオンとなっています。

資生堂は昭和二〇年代に業界一位になってから一度も一位を譲っていない、揺るぎないナンバーワン企業です。二〇〇五年、業界二位のカネボウをトイレタリー業界ナンバーワンの花王が買収し、資生堂の追撃を図ろうとしています。

通信販売流通

一九九〇年代以前は、制度品に次ぐ流通としては、一般品・訪問販売流通でした。しかし、九〇年代後半になり、ＤＨＣやファンケルなどの会社が急成長し、制度品化粧品会社を追撃する化粧品会社に成長しました。ＤＨＣとファンケルは通信販売の二強ですが、オルビス、再春館製薬、新日本製薬などがこれを追っています。

百貨店流通

資生堂、カネボウ、コーセーなどの百貨店に大きな売上を持っていますが、百貨店専門の化粧品会社としてはロレアル、エスティローダー、ＬＶＭＨ、シャネルなどがあります。これらは百貨店流通においてプレステージ戦略を行い、ブランドビジネスを展開しています。

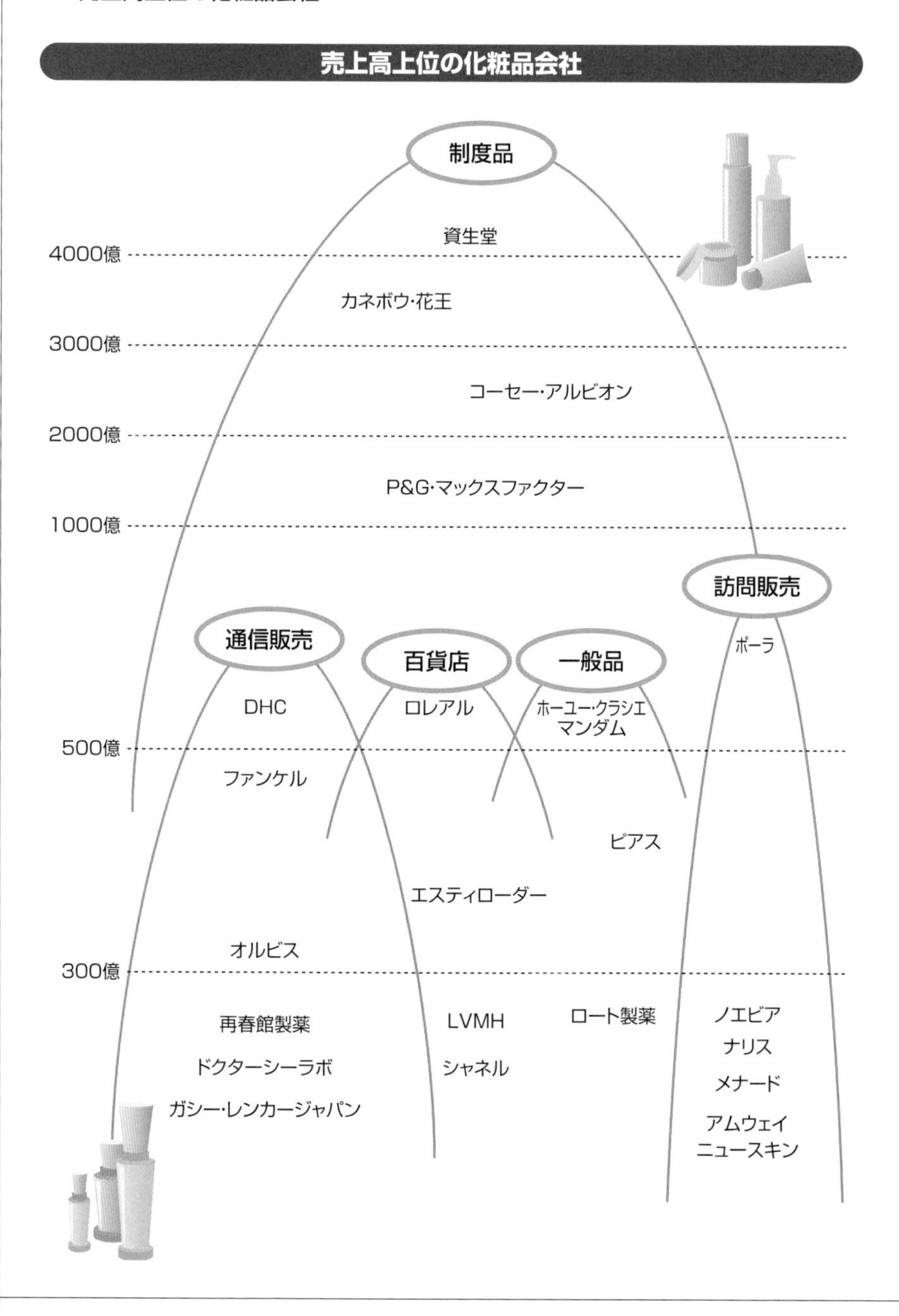
売上高上位の化粧品会社
制度品
資生堂
4000億
カネボウ·花王
3000億
コーセー·アルビオン
2000億
P&G·マックスファクター
1000億
訪問販売
ポーラ
通信販売
百貨店
一般品
DHC
ロレアル
ホーユー·クラシエ
マンダム
500億
ファンケル
ピアス
エスティローダー
オルビス
300億
再春館製薬
ドクターシーラボ
ガシー·レンカージャパン
LVMH
シャネル
ロート製薬
ノエビア
ナリス
メナード
アムウェイ
ニュースキン

訪問販売流通

かつては制度品に並ぶ流通として訪問販売流通がありました。しかし、市場の変化により、訪問販売自体の売上が低下し、訪問販売化粧品各社も苦戦しています。この流通のナンバーワン企業はポーラですが、通信販売のオルビスを始め、他の流通を積極的に開拓しています。ポーラを追うのはノエビア、メナードなどですが同様に他流通への展開を行っています。アムウェイ、ニュースキンはネットワークビジネスとして独自の展開をしています。

一般品流通

一般品流通専門の会社は独自市場を中心とした会社が上位です。

ユニリーバは頭髪が中心、ホーユー＊は毛染め、マンダムは男性化粧品を中心にした会社です。スキンケアではロート製薬やドクターシーラボが上位です。メイクアップではピアスが堅調です。

2018年国内化粧品売上高20社

（単位：10億円）

順位	社名	売上高	順位	社名	売上高
1	資生堂	433	11	マンダム	52
2	花王	212	12	DHC	52
3	コーセー	155	13	ホーユー	49
4	カネボウ	141	14	エスティーローダー	49
5	P&G	113	15	ドクターシーラボ	43
6	ポーラ	84	16	オルビス	41
7	アルビオン	69	17	LVMH	37
8	ユニリーバ	67	18	ピアス	36
9	日本ロレアル	64	19	ロート製薬	34
10	ファンケル	57	20	クラシエ	32

＊ホーユー　2009年、ホーユーはクラシエホームプロダクツを買収。

制度品システムのカラクリ

資生堂が開発した制度品システムは、当時の化粧品乱売による業界の疲弊を解決、さらに再販制の追い風を受け、強固な独自流通を育て上げました。

1

化粧品業界の夜明け前

戦前の化粧品は乱売の時代でした。「このままでは業界が潰れる」。その抜本的対策として登場したのが制度品システムです。

化粧品業界理解のためには

日本の化粧品業界を理解するには、化粧品業界の歴史、特に戦後の資生堂の歴史について十分理解することが早道です。日本の化粧品業界は資生堂が築いたシステムがベースになっています。通常、業界の歴史を知ることになど関心はないかもしれませんが、こと化粧品業界の理解のためには、この方法が最も有効で、そして重要なことです。

現在はドラッグストアや通信販売の隆盛でこのシステムを無視してビジネスを行うことも可能になってきましたが、業界理解のためには業界の歴史から学ぶ必要があります。

戦前～昭和二〇年代

資生堂は創業一〇〇余年となりますが、戦前は特に目立った化粧品会社ではありませんでした。戦前は、「西のクラブ（中山太陽堂）、東のレート＊（平尾賛平商店）」に押され、戦後の昭和二〇年代は丹頂、パピリオ、クラブ、レート、ピアス、マダムジュジュ、マックスファクターといった会社の方が有力でした。戦後二五年頃は、倒産寸前にまで業績を悪化させたこともありました。

昭和二〇年代の化粧品業界は乱売合戦に明け暮れた時代でした。小売価格の三〇～四〇%の値引きが横行し、メーカー、問屋共に疲弊した時代であったようです。メーカーの倒産なども相次ぎ、このままでは日本

＊西のクラブ、東のレート　クラブ（中山太陽堂）、レート（平尾賢平商店）は、1954年に倒産、中山太陽堂はクラブコスメチックが引き継ぎ、再建された。

の化粧品業界自体が危ぶまれるほどの状態でした。

その抜本的対策として登場したのが制度品システムです。このシステムは資生堂二代目社長松本昇氏が考案しました。

松本氏は米国での先進的な流通業について学び、留学先で知り合った初代社長の福原信三氏に見込まれ資生堂にスカウトされました。

支配人時代の大正十二年に「資生堂連鎖店」を発案し、①問屋の地区別テリトリー制、②保証金制度、③資生堂製品の全品取扱および連鎖店以外の販売拒否を骨子としました。

これにより小売店の悩みの種であった乱売を抑制することができました。また保証金を納めさせ、全品を取り扱わせる取引条件は、当時資金状況が悪かった資生堂にとっては大助かりの契約でした。この提案は化粧品、小売店からおおいに支持を受け、当初二〇〇の加盟店数予想は関東大震災時にもかかわらず、二〇〇〇店舗に達するほどでした。

昭和20年代の化粧品業界

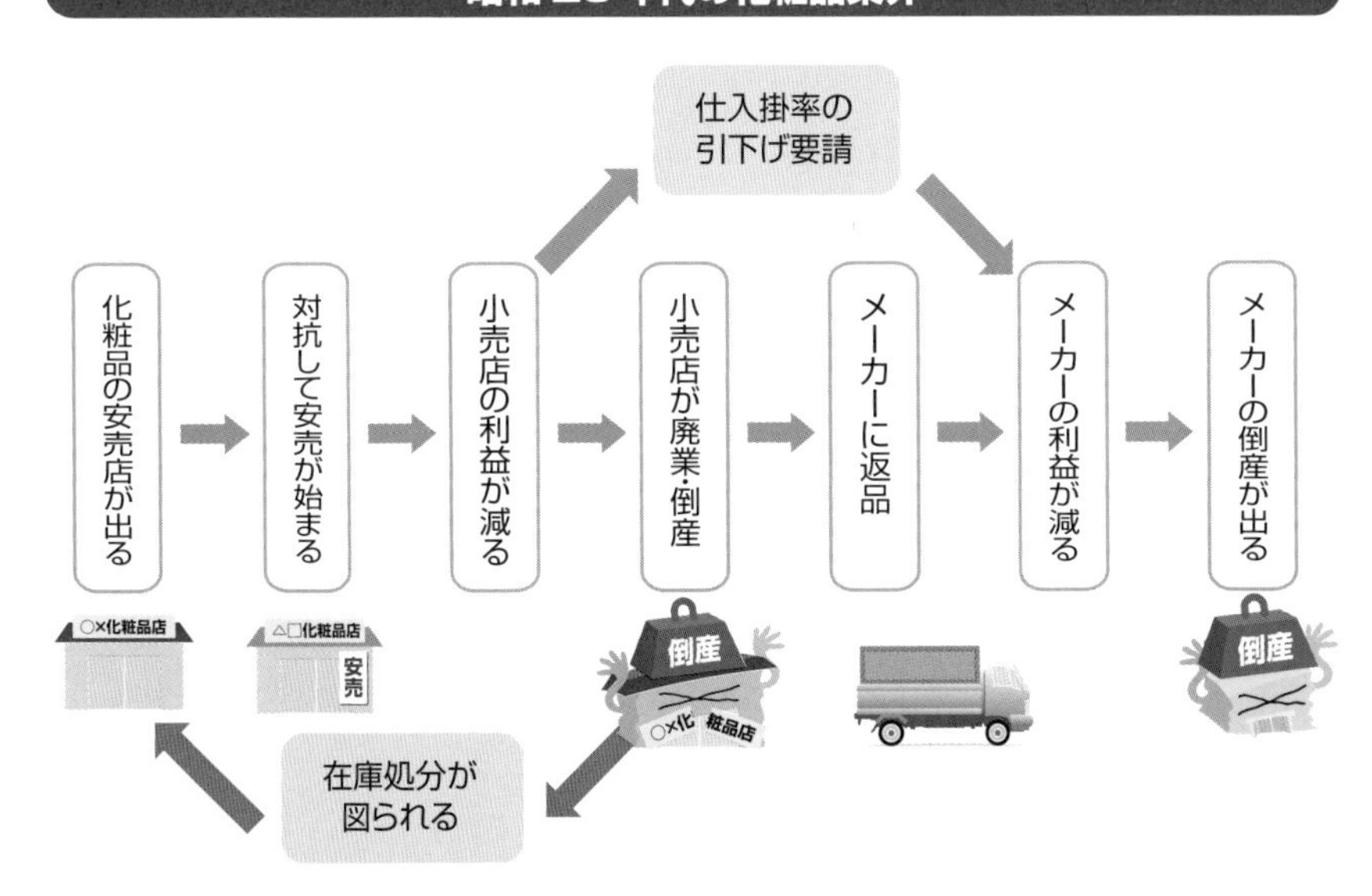

【制度品システム】 トヨタや日産のディーラーシステムや、松下幸之助が作ったナショナルチェーン、ワコールの販売チェーンなど、すべて資生堂のシステムを参考にして作られている。

資生堂の世紀の発明品

資生堂は制度品システムを発明し、市場での絶大な信用を勝ち取ります。このシステムの導入で一気に業界ナンバーワンの地位を勝ち取りました。

チェーンストアとは

資生堂二代目社長松本昇氏は「資生堂連鎖店（チェーンストア）」を打ち出しました。これが現在の制度品システムの原点です。化粧品のチェーンストアは、イオンやイトーヨーカドーのような企業の直営店システムとも違います。また、現在コンビニエンスストアや飲食業で見られる、**フランチャイズシステム**＊とも異なります。いうなれば、メーカー主導の**ボランタリーチェーン**＊のようなものです。メーカーは、このチェーンストア契約を結んだ店舗にしか商品を卸しません。ですから、チェーンストア契約店以外のルートで商品が流通するということはありません。

このチェーンストア契約は、フランチャイズシステムよりずっとゆるやかに組織化されており、取引開始時に一定額以上の初回購入金額を仕入れれば、保証金やロイヤリティーフィーが掛かりません。また、同業他社の排他的契約もなく、仮に資生堂と契約しても、カネボウやコーセーといった他の制度品メーカーと契約したとしても、契約上、不利になるようなこともありません。

チェーンストアの利点

戦後の乱売時代、資生堂がこのチェーンストアシステムを提案したことで、資生堂取扱店は一気に増えました。このシステムは値引き販売する小売店を排除することができ、資生堂の取扱店は、安心して資生堂の商品を定価で販売することができました。

＊**フランチャイズシステム**　商材、食材、販売システムなどをフランチャイズ本部が一手に引き受け、加盟店に配給するが、各チェーン店と本部に資本関係はない。**一手販売権**ともいう。

＊**ボランタリーチェーン**　異なった経営体が共同仕入など、連合を組んだ組織体。

逆に、このシステムを持たなかった、キスミー、マダムジュジュ、明色アストリンゼンなどといった単品メーカーは乱売を止めることができず、シェアを落とす羽目に陥りました。

資生堂は、小売店が安心して定価販売できるよう、最善の努力を払いました。これによりチェーンストアの資生堂に対する信頼は絶大なものとなり、チェーンストアは資生堂商品の販売に躍起になりました。

この制度品システムのもとにおいては、チェーンストアはメーカーに商品を発注すれば、翌日にはチェーンストアに入荷します。また、販売テスターやポスター、ＰＯＰなどの助成物も無償で届けられます。有償購入すれば、景品や小物袋なども届けられます。営業社員が細かい支援を行いますし、有力店に対しては優秀な販売員が無償で派遣されます。小売店にとってはまさに至れり尽くせりの扱いです。

このようなシステムのもとで、チェーンストアは接客に注力を注ぐことができるようになり、資生堂は、その後、驚異的な伸びを示すことになります。

資生堂チェーンストア契約とフランチャイズ契約の違い

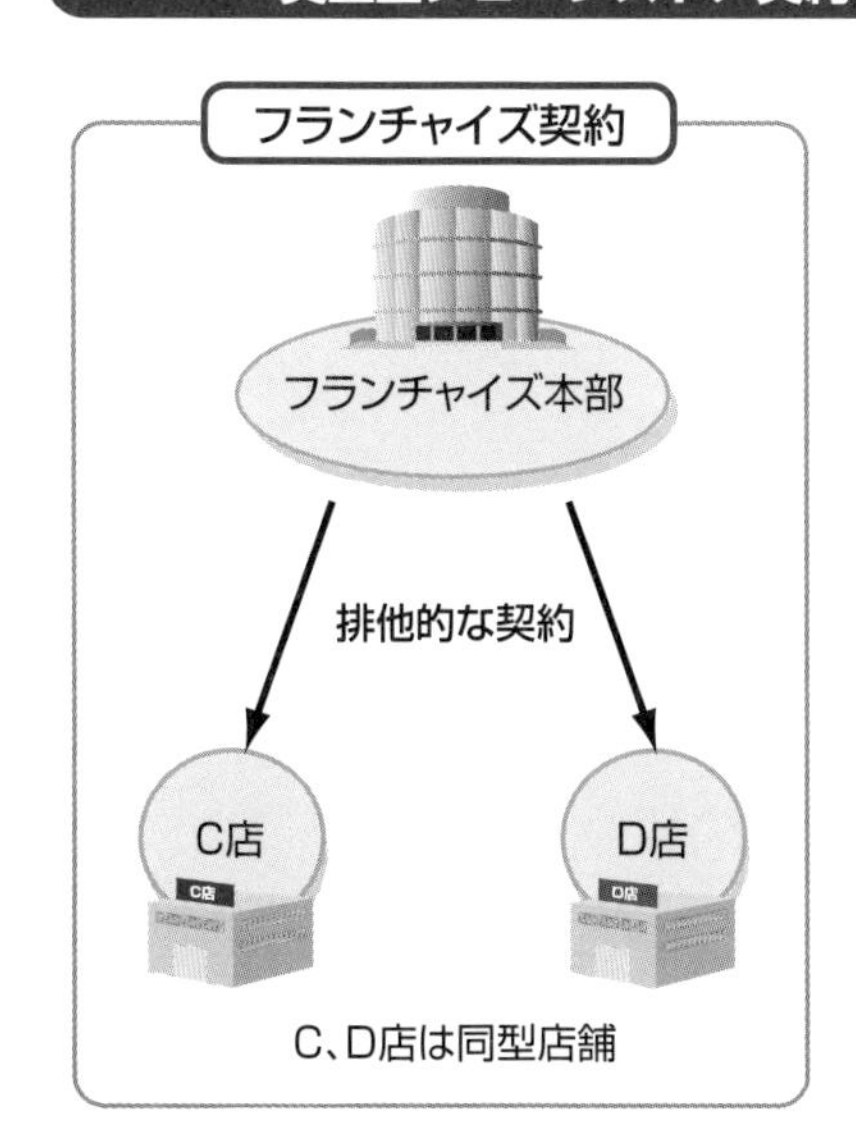

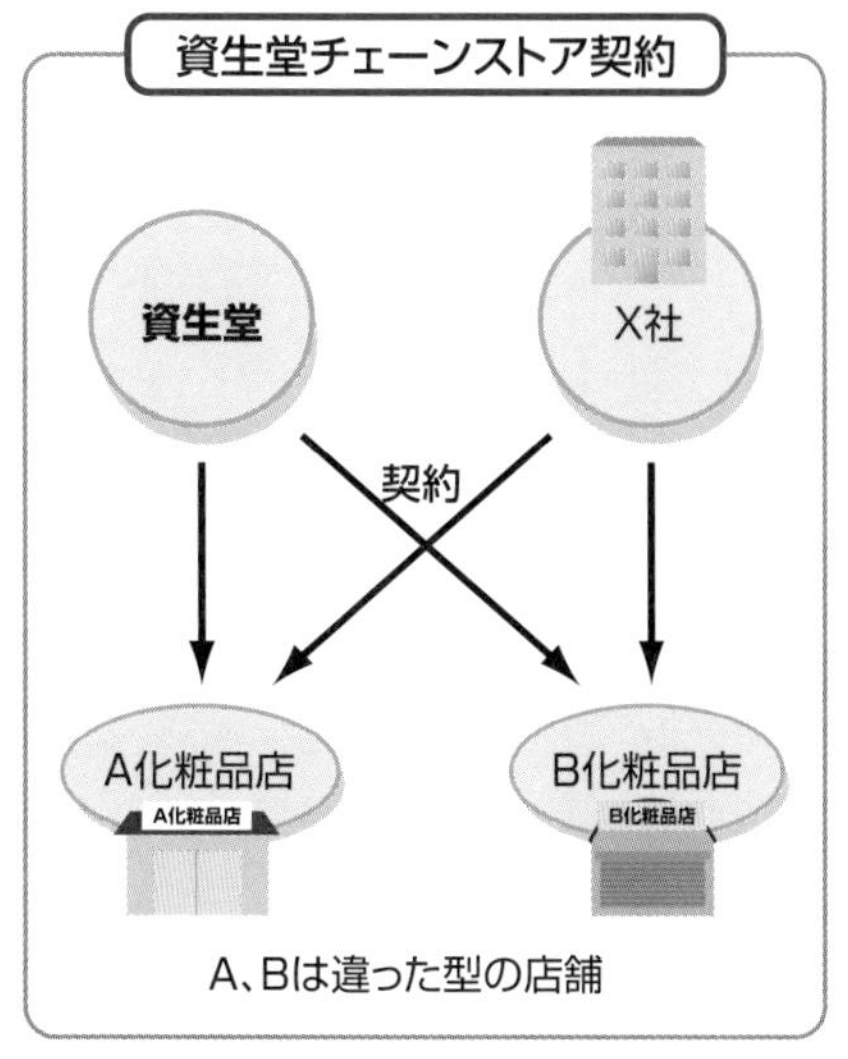

3 再販価格維持制度の活用

制度品システムを開発した資生堂は再販価格維持制度をうまく活用し、シェアを大幅に高めました。一方で一般品メーカーはシェアを大幅に落としました。

再販売価格維持制度とは

再販売(再販)価格維持制度とは、メーカーが卸売、小売の流通の各段階において、販売価格を守らせることができる制度です。現在でも、この再販価格維持が法律で認められている書籍、新聞、音楽CDなどの業界では、この再販価格維持が法律で認められています。資生堂が制度品システムを確固たるものにした背景には、この再販価格維持制度の積極的な活用があったからです。

一九四七(昭和二二)年に独占禁止法(独禁法)が施行された当時、メーカーが小売に対して価格を守らせる行為は、公正競争の確保という観点から禁止されていました。しかし、この独禁法は一九五三(昭和二八)年に一部改正され、化粧品をはじめとする一部の商品について、再販価格維持が認められるようになりました。

資生堂の再販価格維持制度の活用

資生堂は、この再販価格維持制度(再販制)をフルに活用しました。当時、化粧品の乱売は業界にとって切実な問題でした。乱売が原因で大手メーカーも倒産するようなこともありました。

しかし、資生堂はチェーンストア契約で取扱店の販売価格を縛ることで乱売を抑えました。当時はいまと違って、乱売店に対して出荷停止をする行為を合法的に行う*ことができましたので、資生堂は厳重に販売価格の統制を行うことができました。一方、一般品メーカーはうまくこの再販制を活用できませんでした。

＊合法的に行う 1974年の独占禁止法の改正までは再販制のもと、出荷停止が合法的に行えた。詳細は2-11節参照。

苦戦する一般品メーカー

化粧品業界では、資生堂のようにチェーンストア契約をもとに、直接、小売店と契約するメーカーを**制度品メーカー**というのに対し、メーカーが問屋に商品を卸し、問屋が小売店と取引する販売形態のメーカーを、**一般品メーカー**といいます。

一般品メーカーの場合は、この再販価格維持が問屋にまでしか及びません。というのは小売店で化粧品の乱売が発生したとしても、メーカーは小売店と直接取引しているわけではないので、出荷停止などの措置を講じて乱売を抑えることはできません。

化粧品メーカーの多くは単品メーカーです。単品メーカーが、資生堂のような総合メーカーとなり、制度品システムを築くまでには、大きな投資と時間が発生し、現実的には困難です。

このように、市場全体がシステム変更され、制度品メーカーは、小売店からの絶大なる信用を得て、シェアを高め、逆に一般品メーカーは乱売を抑えられずに、小売店からの信用を失い、シェアを大幅に落としました。

資生堂の好循環

チェーンストア契約する → 定価販売できる → 利益確保ができる → お客様に付加価値を提供する → お客様に喜ばれ、売上増

資生堂が乱売を抑える（→ 定価販売できる）

資生堂がサービスを支援（→ お客様に付加価値を提供する）

利益確保ができる → 資生堂への信頼 → 資生堂商品を売る意欲

【化粧品3大流通】 制度品流通、一般品流通、訪問販売流通の3つを**化粧品3大流通**と呼ぶ。

4 販社制度による卸段階の支配

資生堂は販社制度により、卸売段階までの価格の統制を果たすことができ、流通支配力をさらに高めました。

販社制度とは

資生堂二代目社長松本昇氏がチェーンストア制度を打ち出した時点で、その基礎となったのが**販売会社(販社)制度***です。

制度品システム構築前は資生堂も問屋流通を使っていましたが、資生堂は、まず第一に問屋段階で地区別テリトリー制を提案しました。

当時は、小売段階での乱売が問題になっていましたが、乱売は卸売段階でも発生していました。メーカーが複数の問屋に商品を卸す方法を採った場合ですと、同一地域内にいくつかの取引問屋があることになります。小売店から見ると、あるメーカーの商品を問屋から仕入れるのに、複数の選択肢があることになり、問屋間競争が発生してしまいます。

問屋同士の値引き合戦が行われれば、問屋間の値引き競争は小売価格にまで影響してしまいます。つまり、小売店はある問屋から他店より安く仕入れた場合、その商品をおとり商品として値引きの目玉にしようと考えるからです。そこで、資生堂は問屋段階の地区別テリトリー制を導入し、その地域での取扱問屋を一つに限定しました。そうすることで、小売店との取引条件が安定し、ひいては小売段階での価格の安定にもつながります。

資生堂が、この問屋段階の地区別テリトリー制を初めて導入したのは大正一二年のことです。この取引方法は、その後のわが国の流通形態に多大な影響を与えました。自動車や家電業界の販社制度も、この方法を

***販売会社制度**　資生堂の販売制度は、米国のフランチャイズ制度を問屋に適用したものといえる。

参考にしています。

一〇〇%子会社の販社

その後、資生堂は各地域の問屋を自社の一〇〇%子会社にしていきました。そうすることで、ますます流通支配力を強めていったのです。

一〇〇%子会社の販社を持つことで、メーカー段階から卸売段階まで自社で完全支配し、チェーンストア契約と再販制により、小売段階も統制できることで、ほぼ完全な流通支配ができるようになったのです。

制度品システムは、**チェーンストア契約**、**再販制**、**販社制度**の三つが根幹にあります。

この一〇〇%子会社の販社制度のみの威力を見るには、日用雑貨業界における花王の例を見るとよいでしょう。花王の主力はトイレタリー商品で再販制の適用外です。また、チェーンストア契約も結んでいません。しかし、ライバル他社と違い、販社を持っています。ですから卸段階までの価格支配ができます。販社を持たないメーカーの商品に比べ、値引き幅が抑えられています。

資生堂と一般品メーカーとの違い*

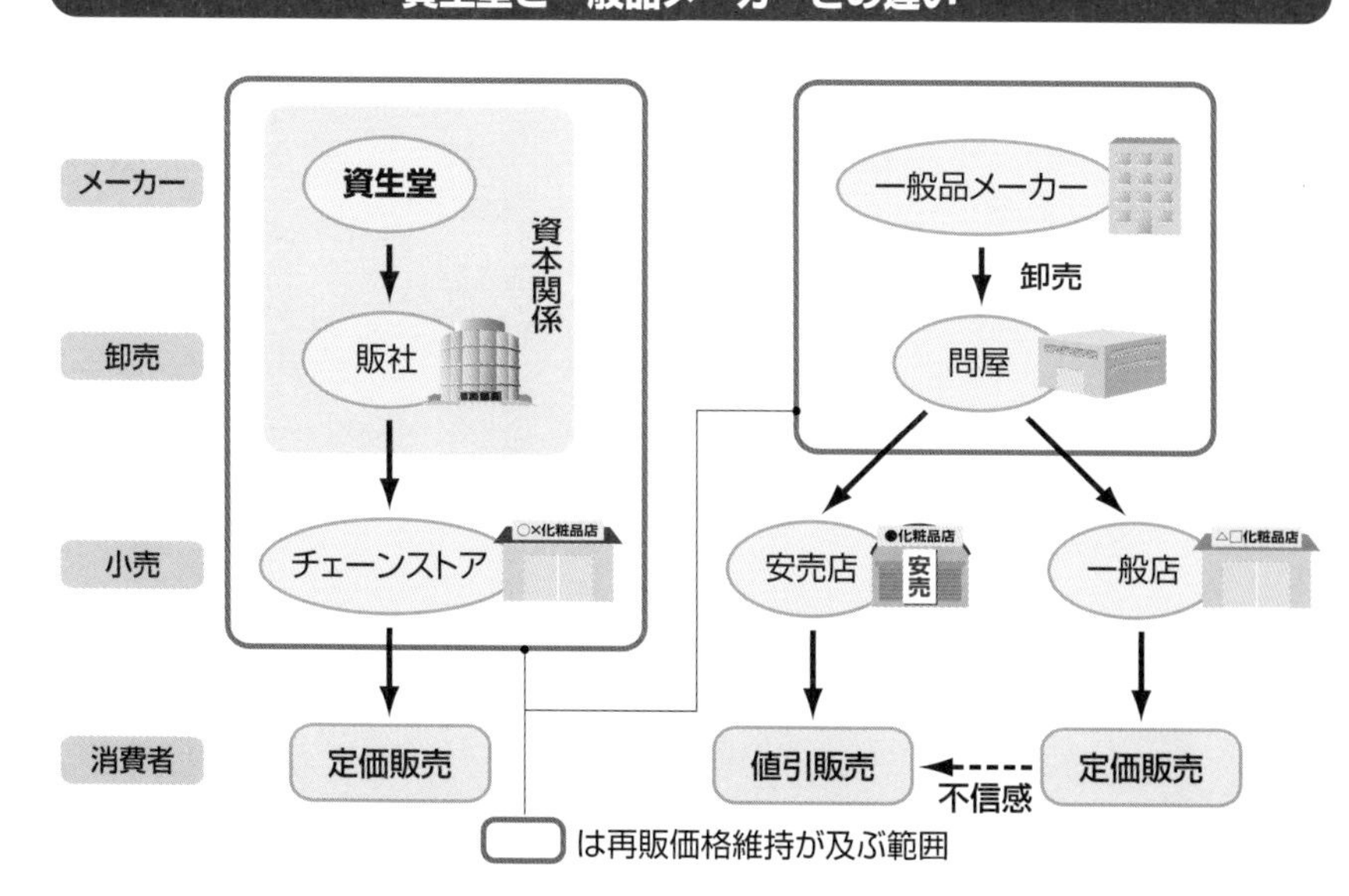

＊…との違い　卸段階までの価格支配ができる。自社の営業社員が営業にまわるので、自社営業社員が卸売価格を承認できる。

制度品における仕入条件

チェーン契約上の仕入条件では、同一条件の掛率と累進リベートから成り立っています。

全国一律条件

チェーンストア契約は全国一律の契約条項になっています。通常の商取引ですと、利幅の違いや一括での納入、納期や支払サイト、競合との関係などで商品の価格が交渉されます。

しかしながら、チェーンストア契約を結ぶと、納期、支払いサイトも一定で、発注量に関係なく納入掛率も一律になっています。商品納入掛率は当時定価の七〇%となっていました。メーカーにとって利幅の大きな高額のスキンケアであろうと、利幅の小さなメイクアップ商品であろうと一律です。

制度品メーカーは小売店への納入掛率を一定にすることで、小売価格の安定を図ることができます。

もし、乱売店に好条件で納入されてしまっては、その小売店から全国の他の安売店に流されることになってしまいます。全国一律同条件で納入することで、横流しを防ぐことができます。また、取引条件が統一されていることで、新店取引の際、営業社員の取引交渉もスムーズに行えます。

リベート

納入掛率は同一ですが、仕入額に応じて**リベート***と呼ばれる奨励金がチェーン店にバックされます。このリベートは二ヶ月通算の仕入金額が多いほど増額される、累進リベートとなっています。当時の資生堂のリベート率ですと、月間仕入が二〇万円以上三〇万円未満の場合、七〇%の商品であれば、仕入金額の四%し

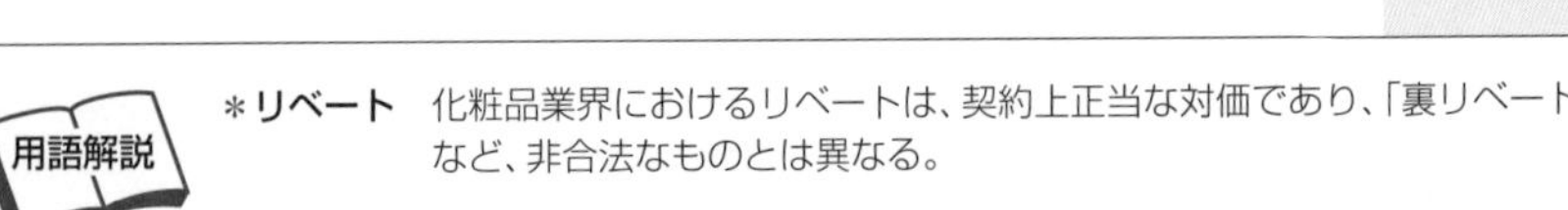
用語解説
*リベート　化粧品業界におけるリベートは、契約上正当な対価であり、「裏リベート」など、非合法なものとは異なる。

か戻ってきませんが、月間仕入五〇〇万円以上になると一五％が割戻しされます。

　このリベート制により他社と併売するチェーン店の場合、仕入金額の多いメーカーの商品を販売した方が有利となり、そのメーカーの取引額拡大に寄与します。また、リベート金額の割戻し契約は、チェーン店が契約どおりの支払いサイトで入金した場合にのみ適用されますので、代金の回収促進にもなります。

　ただし、このリベートが安売店や横流し店の収入源*になっているという問題点もあります。横流し店というのは正規の取引店で正規のやり方で仕入れた商品を、チェーンストア契約していない他店に卸売する店のことです。正規の取引をしていない安売店は、このような横流し店から仕入れています。

　再販制がまだ合法だった時代は、メーカーは商品の秘密の場所（例えば、キャップの中とか）に秘密の刻印をして、どの店に仕入れた商品が横流しされ、安売店に流れているか、ということを突き止めるための細工をしていました。

制度品における仕入条件

商品掛率	70％（一部商品は75％）
リベート	月間の仕入金額により支払い （0〜15％の累進リベート）

*リベート支払い条件　契約期日以内での入金がされた場合のみ支払い

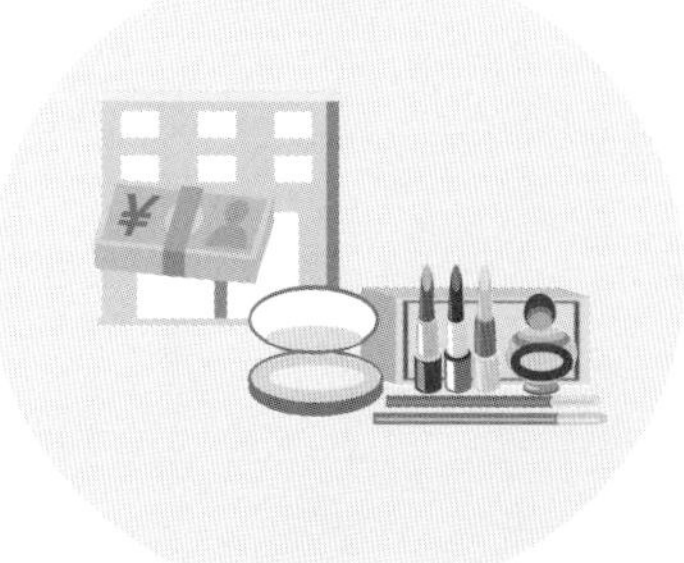

*…の収入源　横流し店は、仕入金額のままで安売店に販売し、リベートのみを利益用語解説とするのが一般的。

6 問題の温床、返品制度

制度品化粧品メーカーにとって返品制度は問題のある制度です。チェーン店への押し込みなど、大きな問題をはらんでいます。

返品制とは

制度品においては商慣習上、チェーン店は仕入れた商品を仕入れた金額でメーカーに返品することができます。小売店がメーカーに月々支払う金額は、当月の仕入金額から当月返品した金額ということになります。制度品は**委託販売**＊ではありませんが、実質は委託に近い状況になっています。

チェーン契約を解約した場合もメーカーは返品として全品引き取ります。もし、解約返品ができないようですと、解約するチェーン店が値引き販売を行ったり、他店に横流しするようになり、ブランドイメージを損ねる結果になります。それを抑えるため、ブランド化粧品の場合は返品できるようになっています。チェーン店にとっては返品できることで、発注ミスした商品や季節商品を寝かすことなく商売できます。

返品制の問題点

メーカー、特に販社の現場では、この返品制を数字作りに利用することがあります。

販社では、本社から当月の販売目標の必達を迫られます。そういった場合、販社の営業社員はチェーン店に、翌月、返品する条件で商品を納入します。それにより、当月の売上目標をとりあえず達成させます。

しかし、チェーン店に断りなしに商品を送り込むという「押し込み」も発生したりします。

この商品の押し込みは、制度品化粧品全体の問題となっています。中には実際にはチェーン店に商品を届

＊**委託販売**　小売店に商品を配置し、小売販売された数量のみを納入数とする販売方法。

けず、伝票だけ上げるという、架空売上*を作るメーカーもあります。

返品が商慣習上、日常茶飯事になってくると、メーカー全体における流通在庫が膨らみます。販社では新商品の売行きを期待して大量にチェーン店に納入し、チェーン店も返品制度があるから安心して「売れると予想される商品」を仕入れます。しかしながら、この新製品が売れなかった場合、翌月または翌々月にはメーカーに返品されます。メーカーにはそういった商品が、不良在庫として山のように残ることになります。

二〇〇五年にカネボウの粉飾決算事件が発生しましたが、この返品制度を利用した架空売上の計上がその手口の一つとなっていました。それ以降は大きな規模では無くなってきたようには思います。しかし、返品された商品が廃棄されることは廃棄コストが経営にのしかかるだけでなく、環境への負担にも直結する問題です。

返品のジレンマ

返品制度

返品制を採らない → 在庫処分は小売店まかせ → 在庫を安売で処分 → ブランドイメージの低下

返品制を採る → 小売店の安易な仕入れ（← メーカー社員の押し込み） → 売れ残り品はメーカーに戻る → メーカーの経営圧迫

＊架空売上　カネボウが産業再生機構の管理下に置かれた時期、架空売上を作る方法で粉飾決済したとの疑いが持たれた。

7 チェーン店を支援する仕組み

制度品メーカーは、チェーン店とのパイプをさらに強化するために表彰制度、コーナー費の援助、助成物の援助など、様々な援助を行っています。

表彰制度

チェーン店の意欲を喚起するため、制度品メーカーは**表彰制度**を作りました。表彰制度は年間の販売額に応じてクラスを作り、クラスごとに表彰するというものです。

八〇年代までは資生堂もダイヤモンドサミット、ゴールデンサミット、サミット、メリットなどといったランクを作り、ランクごとに表彰を行ってきました。同じ制度品のカネボウは「全国大会」と呼ばれる表彰制度がありました。

このような表彰式では、一定額以上の販売のあったチェーン店を年に一度豪華ホテルに招待して華やかなパーティを催し、その後、豪華な旅行に招待するというものです。チェーン店はこの表彰を受けることを一年間の励みとして、そのメーカーの商品の拡販に努めます。

コーナー費の援助

化粧品売場では多くの場合、メーカー、ブランドごとに販売コーナーを持っています。メーカー、ブランドの販売棚、販売ケース、販売台などがあります。

本来は、このメーカーのコーナーはチェーン店が自店で用意するものですが、有力店が店舗改装を行う際など、メーカーが自社のブランドコーナーを作ってチェーン店に貸与するという形式をとります。メーカーにとっては設備投資*をしたことになります。

＊**設備投資**　メーカーはコーナーを資産として計上し、減価償却することとなる。

助成物の援助

　メーカーはチェーン店に対して助成物の援助を行います。**助成物**とはメイクアップのテスターやＰＯＰ、ポスター、サンプルなどといった、化粧品販売をする上で必要な販促物が主です。

　このような助成物が、季節のプロモーションごと、月度ごとにチェーン店に無償で届けられます。メーカーは月度ごとにプロモーション商品を変えて、そのプロモーション商品をテレビなどで宣伝します。宣伝された商品を見て、チェーン店に顧客が来店し、その宣伝に合わせたポスターなどが店頭で訴求されていれば、テレビコマーシャルと店頭が連動できます。コマーシャルなどのタイミングと連動するように、メーカーからチェーン店に販促助成物が届けられるようになっています。

　また、プロモーションに合わせてダイレクトメールやチラシを配布したいと考えるチェーン店には、有償での斡旋もあります。

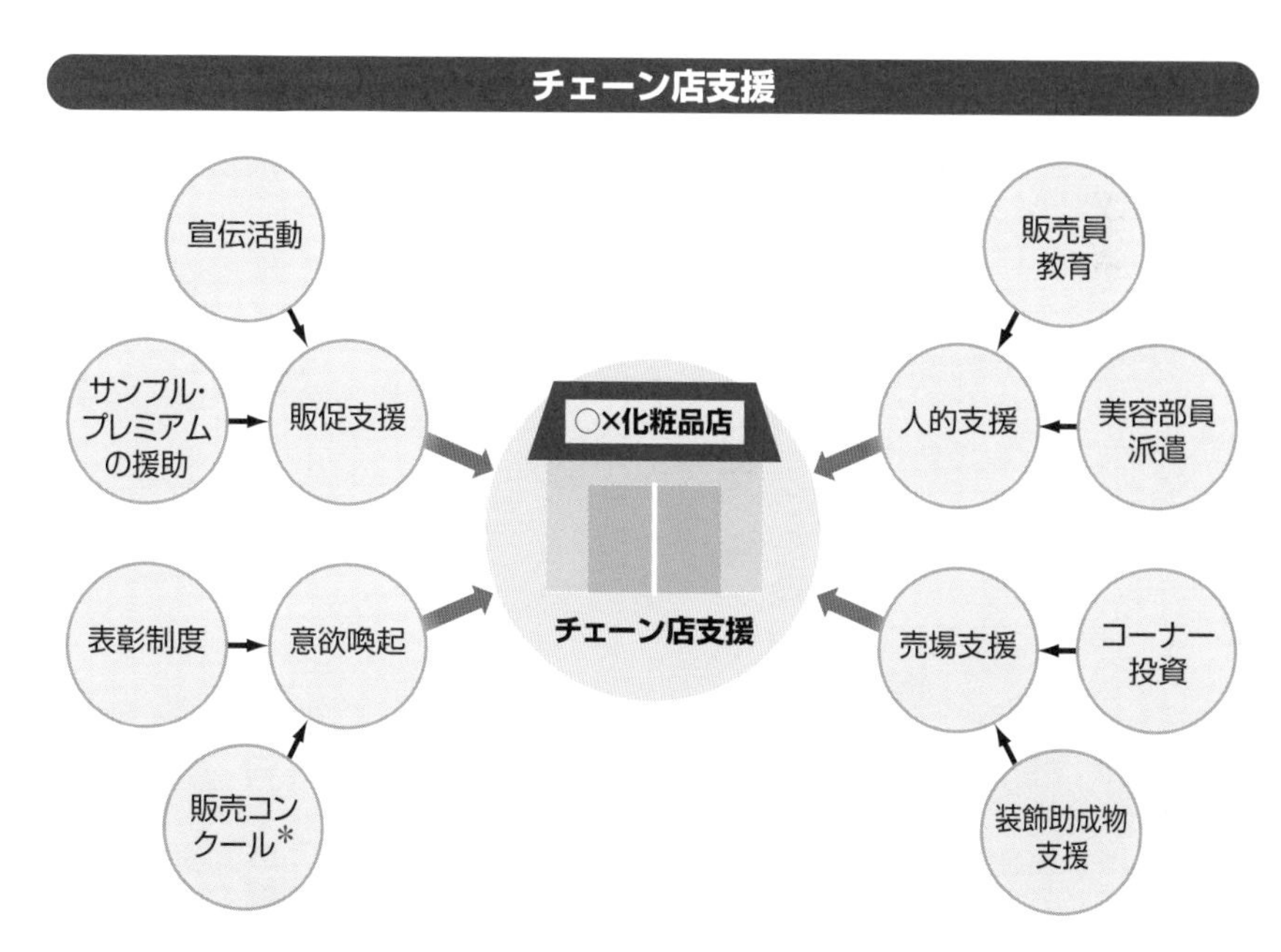

【販売コンクール】 販売店に販売期間での特定の商品の販売目標を設定し、販売目標を達成した場合、報奨を渡すといったもので、販促の手段である。

8 美容部員制度

制度品におけるチェーン店への最も大きな援助は美容部員の派遣です。美容部員によってメーカーは自社商品の拡販ができます。

美容部員制度とは

このように、制度品化粧品メーカーはチェーン店に対して至れり尽くせりの販売支援を行いますが、その最たるものが**美容部員制度**です。

美容部員とは、化粧品コーナーに立つ化粧品専門の販売員です。美容部員は化粧品メーカーの社員で化粧品会社から給与や保険の支給を受けています。美容部員には、化粧品販売のプロとして、メーカーが美容の基礎教育から新製品の商品勉強に至るまで、教育訓練を施しています。

美容部員は、もともと資生堂が考案した「ミスシセイドウ*」というマネキンがその生い立ちで、販売キャンペーンを促進する仕事からスタートしました。再販制導入、その後の再販制縮小の時代においては、公正取引委員会から定価販売を監視する役目をしているのではないかと、問題視されていた時期もありました。しかし、現在では美容部員の役目は、メーカー商品の拡販のみが目的であると解釈して間違いないでしょう。一般品メーカーなど、美容部員制度を持たないメーカーでは販売できないような、高額の化粧品についても、美容部員の販売力で販売することができます。

派遣基準

化粧品小売店にとって美容部員の派遣は最もありがたい援助です。小売店の経営上、人件費は最もかさみます、その経費が美容部員の派遣によって軽減されるのです。また、一般の小売店では、なかなかいい従業員

【ミスシセイドウ】 資生堂の「ミスシセイドウ」は、1933(昭和8)年に発足し、8400人の美容部員が誕生した。当時は美容劇なども開催された。

は採用できませんが、大手化粧品メーカーの資生堂やカネボウなら、優秀な人材を採用できます。ましてこの販売員を、メーカーが完全に教育(美容部員養成のための教育は、通常2~3ヶ月の長期間を要する)してくれるのですから、これほどの援助はありません。

ところで、美容部員をチェーン店に派遣する基準はあるのでしょうか。常識的には売上高に応じて派遣日数や派遣者数が決まる、ということになっています。実際には、地域によっても店舗業態によっても、その基準は曖昧です。メーカーが力を入れて育てたいと考えているチェーン店や、業界内で政治力があったり、問題を引き起こしかねないチェーン店には、裏取引で多くの日数を割いて、美容部員を派遣することもあったようです。

美容部員の派遣日数などは、契約書などで文書化されているわけではありません。化粧品の制度品システムは公正取引委員会からいつも監視されていましたが、この美容部員の派遣基準についても、曖昧で公正な取引になっていない、といつも問題視されたこともありました。

美容部員？ それともビューティーアドバイザー？

「美容部員」と「ビューティーアドバイザー」とどっちの呼び方が正しいのですか？と聞かれることがあります。本来、化粧品メーカーの販売員を「美容部員」と呼んでいたのですが、近年カタカナ職業の流行に合わせて、美容部員と言わず、「ビューティーアドバイザー」などと呼ばれるようになりました。

女性誌やコスメ誌などではビューティアドバイザー(BA)と呼ぶことが多く、一般にもそのように呼ぶ人が多いようです。

しかしながら、資生堂はビューティーコンサルタント(BC)、カネボウはビューティーカウンセラー(BC)と社内では呼んでいます。実際、資生堂やカネボウの美容部員の数は、美容部員全体の半数以上を占めていますので、面白いことに、美容部員は「BA」と呼ばれるよりも、「BC」と呼ばれることの方が多いのです。

9 営業社員の役割

制度品メーカーの営業社員はチェーン店の店頭での売上を上げるべく、細部に至るまでキメ細かい店頭支援を行っています。

営業社員の仕事

チェーン店の様々な支援を行うのは**営業社員**です。営業社員はルートセールスとして、通常、二〇～三〇店前後のチェーン店を担当します。営業職ですからチェーン店に商品を納入し、代金を回収することが本来の仕事です。

販売目標を達成せんがために、営業社員の中には強行に押し込みセールスをする者もいます。チェーン店の間では営業社員の押し込み営業は常に問題となっています。しかしながら、制度品の場合、チェーン店はそのメーカーの販社からしか仕入れることができませんので、そのメーカーの商品が店頭で販売されない限り、メーカーには発注しません。ですから営業社員がチェーン店から受注を多く取るためには、チェーン店の店頭売上を上げるしか方法がありません。そこで営業社員は店頭売上を上げる様々な支援を行います。

細かなチェーン店支援

営業社員はチェーン店の売上が上がるようにコンサルティングセールスを行います。チェーン店の弱みを指摘し、店舗に魅力がないようであれば、店舗改装を提案したり、販売力がない場合は教育訓練の受講を提案したりします。月度ごとに販売会議などを開催して、月度の販売目標やその月に販売すべき中心商品を設定したりします。そして、その販売目標が達成できるように様々な支援を行います。

売上を伸ばすための催事、イベントをチェーン店に

【まずは現場から】 大手化粧品会社では、新卒で入社すると、まずは営業社員として全員に現場を経験させ、その後、マネージャーやスタッフとなる。

企画提案し、その催事を運営することもします。催事成功のためにダイレクトメールを用意したり、プレミアムを用意することも営業社員が行います。

営業社員は数人の美容部員を部下に持ちます。美容部員は、その営業社員のチームに所属することになり、営業社員の命を受けてチェーン店に派遣されます。営業社員は、担当店全体の売上が最も上がると思われるチェーン店に、美容部員を派遣します。日々の売上が高い大型店には、常駐で美容部員を派遣したり、催事を行う店に派遣したりします。このような美容部員管理が営業社員*の一つの大きな仕事です。

このように、営業社員は、かなり細かい点までチェーン店支援を行います。販売目標を達成すべく販売員を激励したり、販売目標を達成すれば、販売員と共に喜び合ったりします。

こうした細かいリテールサポートは、制度品メーカーならではのもので、一般品メーカーの営業社員や問屋の営業社員はまったく太刀打ちできません。制度品取り扱い比率の高い店では、制度品メーカーの営業社員の独壇場になっています。

化粧品販売会社の組織図

＊営業社員　営業社員は、担当店を地域別に持つ場合と、流通別、企業別に持つ場合とがある。

10 高度成長期の制度品

昭和四〇～五〇年代、資生堂、カネボウなどの制度品メーカーは、再販制の縮小という大きな問題もありましたが、急成長を遂げました。

資生堂VSカネボウ

一九五三（昭和二八）年、再販制が認められてから、資生堂は制度品システムを磐石なものとし、化粧品業界のリーディングカンパニーとして、現在に至るまで、その地位を明け渡さずに成長してきました。

この資生堂に挑戦したのがカネボウです。カネボウは繊維が本業でしたが、事業の多角化を推進*し、非繊維の中心事業として一九六一（昭和三六）年、化粧品事業に参入しました。資生堂が開発した制度品システムを完全コピーし、資生堂にチャレンジしました。

資生堂とカネボウは特に昭和四〇年代、五〇年代と急成長を遂げました。この頃はコーセーやマックスファクターも加え、制度品化粧品全盛の時代でした。特にシーズンごとのキャンペーンを華やかに開催しました。その当時は資生堂、カネボウのキャンペーンソングが常にテレビのベストテン番組で一位、二位を競うといった状況でした。

再販制の見直し

一九七四（昭和四九）年には独占禁止法が改定され、再販制の見直しが図られました。化粧品については一〇〇一円以上の化粧品は再販の対象外とされました。

一九七四（昭和四九）年九月、再販の縮小を受け、ダイエーが突如、化粧品の値引き販売を始めました。値引き販売開始の当日は、制度品メーカーの社員が社内挙げて、現金を持ってダイエーに自社商品を買いに走りました。しかし、制度品メーカーとダイエーのトップ

＊…**事業の多角化を推進**　**ペンタゴン経営**と呼び、繊維、化粧品、薬品、食品、不動産事業を推進した。

交渉で、この化粧品の値引き販売は収まりました。ダイエーとしても利幅が大きく、販売員を無償で派遣してくれる化粧品メーカーと手を組んだ方が得策と考えたのでしょう。交換条件として、資生堂、カネボウはダイエー専用の**PB商品**＊を作りました。ただし、これはまったく売れませんでした。

このように、ダイエーの値引きを抑えたことで、制度品メーカーはますますチェーン店からの信頼を獲得しました。一九七四（昭和四九）年以降、化粧品メーカーが、一〇〇一円以上の商品の販売価格を守らせるということは違法となったのですが、その後も化粧品の定価販売は安定的に行われてきました。

小売団体の**全国粧業小売連盟**＊と化粧品メーカーは、非常に友好的な関係を保ち、利害の一致する定価販売を業界全体で守り、ダイエーなど大手小売業もまた自社の利益を考え、化粧品の定価販売に賛同してきました。もちろん、その間にも、様々なアウトロー達が安売販売を仕掛けてきましたが、制度品メーカーの尽力で、これらをしのいできたのです。

資生堂の成長期の売上高推移

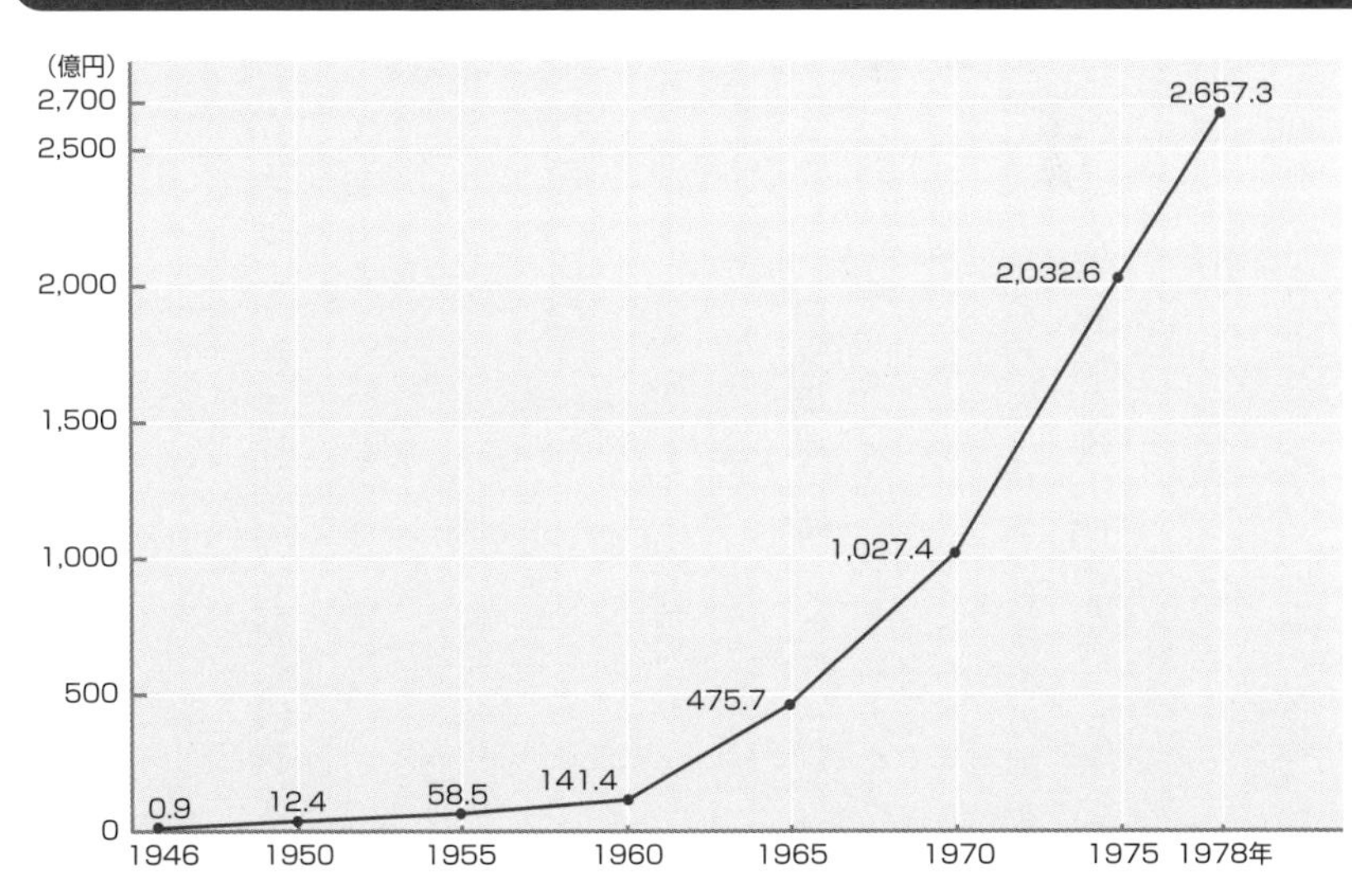

『資生堂　驚異の販売組織』坂井章三郎著より引用。

＊…のPB商品　1975年資生堂製「ディアーヌ」、カネボウ製「ソフィアレーヌ」を発売。

＊全国粧業小売連盟　化粧品小売店を組織した協同組合。1998年に、全国化粧品小売協同組合連合会に組織変更された。

11 再販制の撤廃

海外からの圧力もあり、化粧品の再販は完全に撤廃されることになって、化粧品業界も新しい時代を迎えました。

低成長時代

昭和五〇年代後半に入ると、日本経済は高度成長の時代から成熟期の低成長の時代を迎え、化粧品業界もまた、高度成長から低成長の時代となりました。

その頃になると、制度品大手も拡大路線のツケがまわってきてブランド数が増え、流通在庫が拡大するなどの弊害が出てきました。資生堂も一時期、この流通在庫の処分に専念する時期がありました。しかし、制度品メーカーは低成長の時期になってもなお、堅調に売上を伸ばしてきました。

日本経済は低成長の時代に入っても、他の国々に比較するとまだ成長率は高い方でした。日本の貿易黒字はさらに膨れ、特に米国に対する貿易黒字は巨額となり、大きな経済摩擦が生じました。

米国からの外圧

米国は対日本の貿易赤字の原因の一つとして、日本市場が閉鎖的で海外企業の参入の妨げになっていると主張してきました。**日米構造協議***が何度か行われ、化粧品流通もまた海外企業を締め出す構造になっていると、槍玉に挙げられてきました。

化粧品の業界構造の中で特に注目されたのが再販制でした。化粧品に再版制度の認められていることが海外企業の参入を阻害し、ひいては消費者に不利益を与えていると主張されたのでした。

また制度品メーカーと安売店との訴訟問題*もありました。特に有名なのが河内屋問題でした。チェーン契

用語解説

***日米構造協議**　1989〜90年。米国は日本の経済構造を変えることで、米国企業との競争条件を同じにすることを狙いとした日米間での協議。

約をしていた河内屋が制度品化粧品の値引き販売を始め、メーカーはその措置として出荷停止に踏み切りました。その行為に河内屋がメーカーを訴えたのでした。

再販撤廃

この河内屋裁判の決着を待たず、一九九七（平成九）年、一〇〇〇円以下の化粧品も再販商品から除外され、すべての化粧品の再販は法的に認められなくなりました。

再販撤廃前には、もともと、一〇〇一円以上の化粧品は再販対象外でしたから、各地で制度品化粧品の値引き販売が行われるようになりました。

イオングループはいち早く制度品化粧品の値引き販売を開始しました。また、関西でも梅田ターミナルなどで値引き合戦が行われるなど、全国各地で化粧品の値引き販売が始まりました。

戦前、化粧品の乱売に疲弊した小売店を救うべく資生堂が制度品システムを築き、市場の安定化を図ったわけですが、ほぼ半世紀後、再販は撤廃され、再び化粧品乱売の時代に逆戻りしたのです。

再販制撤廃の背景

安売店	消費者	政府	米国
↓	↓	↓	↓
値引販売の圧力	価格に対する不満	規制緩和の推進	閉鎖的市場の解放要求

↓

化粧品業界

メーカー　問屋　小売店

＊**安売店との訴訟問題**　花王と江川企画との訴訟、資生堂と富士喜本店との訴訟などがある。

12

資生堂の新しい契約制度

資生堂は再販撤廃に対して新たなチェーンストア契約制度を発表しました。これは制度品システムをさらに強固にする内容のものでした。

新取引契約の背景

再販撤廃後も、資生堂は河内屋との訴訟をはじめ、いくつかのチェーンストア契約を巡る係争が続いていましたが、二〇〇一年には、それらがほぼ終結しました。その間には最高裁でカウンセリング販売の合理性が認められる判決*が出たこと、河内屋問題も、事実上全面勝訴したことなどがありました。そこで、資生堂は制度品システムをさらに強固なものにするべく、新しい取引契約制度を発表しました。

新しい取引契約の中には、アウトローによる安売販売の原因である横流しを厳しく規制する内容も含まれています。すなわち、チェーンストアによる「卸売販売の禁止」「通信販売の禁止」です。また、支店のあるチェーンストアが本店一括仕入れをして累進リベートを多く稼ごうとする行為も禁じ、「店別契約」としました。

新リベート制とPOSレジ導入

この契約制度導入にあたり、資生堂は取扱店全店の約二万一〇〇〇店に対して、**POS**レジ（資生堂レジ）を無償で導入しました。全店導入でしたので実に約六〇億円もの投資でした。

ＰＯＳ導入の本来の目的は、メーカーがチェーンストアの店頭売上状況を随時把握できることで、そのデータを生産に活かし、製品の安定供給を図るというものです。これにより**サプライチェーン***を築くことができます。また、資生堂のＰＯＳレジは、他社商品のレジ

＊…判決　カウンセリング販売の合理性が認められる判決。1998年、資生堂は富士喜本店訴訟で勝訴。

業務にも使われますので、チェーン店の自社への囲い込みもできます。

新しい契約の目玉は新リベート制です。従来の、仕入れ量に応じて支払っていた最高一五％のリベートを一三％に引き下げる代わりに、このＰＯＳレジを導入すれば、無条件で一％のリベートを支払う、というものです。

ＰＯＳレジの導入と新リベート制の狙いは、店頭販売の原点にチェーン店の目を向かわせようとするものですが、同時に仕入と店頭売上のバランスも監視でき、横流し店の防止にも効果があります。さらに返品率の抑制もまた、過剰在庫を抑えて、横流しの動機を断ち切ることができます。同時に、一部には横流しの一番の原因といわれていた自社の販社、営業社員による押し込みも止めさせることにつながります。

このように資生堂の新しい取引契約は、従来のチェーンストア契約をさらに補強した内容のものとして提案されました。

資生堂の新契約制度

	店舗売上目標達成報奨	POS レジの導入	通信の禁止 卸売の禁止	返品率の抑制報奨
目的	店頭売上重視 意欲喚起	サプライチェーンの形成 横流しの防止	横流しの防止	横流しの防止 自社販売会社の押し込みの防止 サプライチェーンの形成
インセンティブ	目標達成度により 2%のリベート	導入すれば 1%のリベート		基準内であれば最大 2%のリベート

＊サプライチェーン　原材料の調達から製造、卸売、小売、消費者（顧客）への一連の供給活動をいうが、変化する市場に合わせ、サプライチェーン全体を最適化することを、サプライチェーンマネジメントという。

カネボウの迷走

2003年10月、化粧品業界に大きなニュースが飛び込んできました。カネボウと花王が両社の化粧品部門を統合するということを発表したのです。

カネボウは100年以上の伝統を持つ名門企業ですが、本業の繊維事業の業績悪化が続いたにもかかわらず抜本的な対策が遅れ、5500億円もの巨額な有利子負債を抱えていました。

花王は消費者から支持を得ている「カネボウ」ブランドを手に入れれば、花王が苦手としている専門店流通への販路も確保することができます。

しかしながら、カネボウは一転、花王への化粧品事業売却を翻し、産業再生機構の支援による再生を目指すことを発表しました。産業再生機構の支援を発表してからもカネボウの迷走は止まらず、前社長の帆足隆氏が新生カネボウに留まる意向を表明したり、その帆足氏自身に横領の容疑が発覚したり混乱が続きました。

結局、カネボウ本体とカネボウ化粧品が分割され、旧経営陣も全員刷新され、別々に産業再生機構のもとで再生を図ることになりました。

カネボウの買収先にはいろいろと噂がありましたが、結局は2005年末に当初どおり花王が「カネボウ化粧品」を買収することになりました。

花王は化粧品業界2位のカネボウを得て、1位の資生堂に互角に対抗できる力を得ることができました。

また、残されたカネボウ本体は「カネボウ」ブランドを使用することができなくなり、社名も「クラシエ」として、トイレタリー・食品・薬品の3事業で再スタートを切ることになりました。その後、2009年クラシエはホーユーに買収され、現在では安定的な経営ができているようです。

花王に買収されたカネボウは徐々に「花王化」が進み、業界では以前の「カネボウらしさ」は急速になくなりつつあるといわれています。しかし、社員の雇用が確保できたことは幸いであったと思います。

第3章

セルフ化粧品の動向とカラクリ

顧客の「自分自身で選んで買いたい」というセルフ志向を背景に、ドラッグストア台頭の追い風を受け、セルフ化粧品の売上が大きく伸びています。

セルフで買いたいお客様

1

顧客の「自分自身で選んで買いたい」というセルフ志向が高まり、セルフセレクションの業態店、セルフ対応商品が開発されてきました。

顧客のセルフ志向

例えば、百貨店や専門店で化粧品を買うというと、一般に「高額なものまで買わされる」とか「必要ないものまで買わされる」といった、「販売員に押し売りされる」というイメージがあるようです。

雑誌などから多くの情報を得ることができるようになり、買いたい商品は自分自身で決めて買うという、いわゆるセルフセレクション志向の顧客が増えてきました。

そして、同じ顧客であっても、ある商品は専門の販売員から詳しいカウンセリングを受けて購入する、ある商品は販売員の推奨を受けずにセルフで購入する、という二面性を持っているのがほとんどです。

セルフ売場への対応

そこで、欲しい商品を自分で探して買いやすい、セルフセレクションの業態*店が増えてきました。セルフセレクションを前提にした店舗は、実際に商品を手にとって買えるようになっています。

メーカーからも、消費者の意向やセルフ業態店*の売場に合わせた商品が開発されました。例えば、商品の箱に詳しい商品情報を記載する、セルフ売場で陳列されやすいようにフックが付いてある、バーコードを箱に印刷する、などの工夫がなされた商品です。

一般にセルフ販売店用の商品は低価格の商品となります。スキンケアでいえば、およそ二五〇〇円以下の化粧水となります。メイクアップについても、中心価

＊**業態**　「業種」が、販売する商品により営業店舗を分類するのに対して、「業態」は売り方によって分類する。

格帯よりワンランク下の商品をセルフ用商品としていいます。ヘアケア、ボディケア、男性化粧品などは、もともとセルフで買われていく商品群です。

メーカーは、品質を高級化粧品に近いものにしながらも、箱を外してシュリンク包装にするなどの工夫をしてコストダウンを図ってきました。

販売プロモーションとしても店頭情報を重視しました。陳列の際に目立つようにPOPやポスターなどを必ず用意しました。テレビなど、マスコマーシャルが打たれている商品などには、専用の大量陳列什器なども用意しました。メイクアップ商品など販売テスターを置いて、顧客が実際に手にとって試せるようにもしてあります。

販売員のいないことが前提ですので、顧客が自分自身で商品の詳しい情報を理解できるようにリーフレットを用意したり、POPに詳しい商品情報を掲載したりしています。このように、顧客のセルフ志向に合わせて手に取って買えるよう、セルフの化粧品売場は充実しています。

ドラッグストア等での化粧品購入に関して便利と感じる、気に入っているポイント

理由	回答数	回答数比率（%）
売れ筋がある、新製品情報が早い	16	1.1
価格が安い、お得に買える（ポイント、セール、サンプル）	694	48.6
品揃えが豊富（複数のブランドを比較できる）	211	14.8
自分の基準で選べる	604	42.3
店員が信頼できる	19	1.3
いつでも買える、近い	131	36.0
化粧品以外のものも同時に買える	36	2.5
商品情報がわかりやすい	9	0.6
その他	18	1.3
分析不能	85	6.0
回答ユニーク数	1428	100.0
回答数合計	1823	127.7

＊セルフ業態店　店舗全体がセルフ業態になっている場合もあるが、カウンセリングコーナーとセルフコーナーとに分離している店舗もある。

2 一般品メーカーの攻防

問屋流通を使って小売店に供給するメーカーを一般品メーカーといいます。セルフ市場は拡大していますが、一般品メーカー間の競争はますます激しくなっています。

一般品メーカーとは

化粧品業界では、店頭販売の化粧品メーカーを分類する場合、前章で詳しく説明した制度品システムに乗った制度品メーカーと、一般品メーカーに分けられます。

制度品メーカーが自社で卸売機能まで持っているのに対し、**一般品メーカー**は卸売部分を問屋に委託しています。化粧品とトイレタリー製品と化粧雑貨は、その境界線が曖昧です。

トイレタリー製品というと花王やライオン、P&G、日本リーバといった大手企業がその供給元で、そういった企業の化粧品は**一般化粧品**になります。また、資生堂は、トイレタリー製品を中心に扱う部門（エフティ資生堂）を持っており、このような部門でも化粧品を扱っており、制度品流通以外の一般品流通にも化粧品を供給しています。一方で、単品商品、中には数品しか製造していない小さな化粧品メーカーもあります。

このように一般品メーカーは、超大手企業から個人企業に近い小さな会社まで何百社もあります。

問屋の役割

これらの一般品メーカーは小売への供給を問屋に委託します。委託する問屋の数を絞っているメーカーもありますが、たいていは複数の問屋に委託せざるを得ないのが現状です。

大手小売業などで問屋の指定制を採っている場合も多く、その小売グループに供給するためには、どうして

【クラシエホームプロダクツ】カネボウ化粧品のトイレタリー部門、カネボウホームプロダクツは、花王のカネボウ買収時に本体に残り、クラシエホームプロダクツとなった。2009年、ホーユーに吸収合併された。

もその問屋を通さなければなりません。また、地域問屋に任さなければ流通しないような地域もあります。

化粧品は固定愛用者が付いて、定番の商品となれば売上は安定するのですが、商品が育つまではかなりの企業努力が必要です。問屋は売れる商品を小売店に供給するのが使命であり、売れる商品を作ることまでやってはくれません。

ですから一般品メーカーとしては、商品が売れるようにする販促宣伝をする必要があります。制度品メーカーの場合、チェーン店や美容部員が新製品を推奨してくれますが、一般品メーカーの場合は、専属の販売員はいません。自ずとセルフ販売で売れるようにしていくしかありません。そのためには、マスコマーシャルや**パブリシティ***の獲得、店頭での訴求力アップなどを強化する必要があります。

セルフ市場が伸びてはいますが、逆に競争はかなり激しくなってきています。大手メーカー、単品の専門メーカー、アイデア勝負の中小メーカーまで、生き残りをかけた激しい攻防が繰り広げられています。

制度品流通と一般品流通の相違

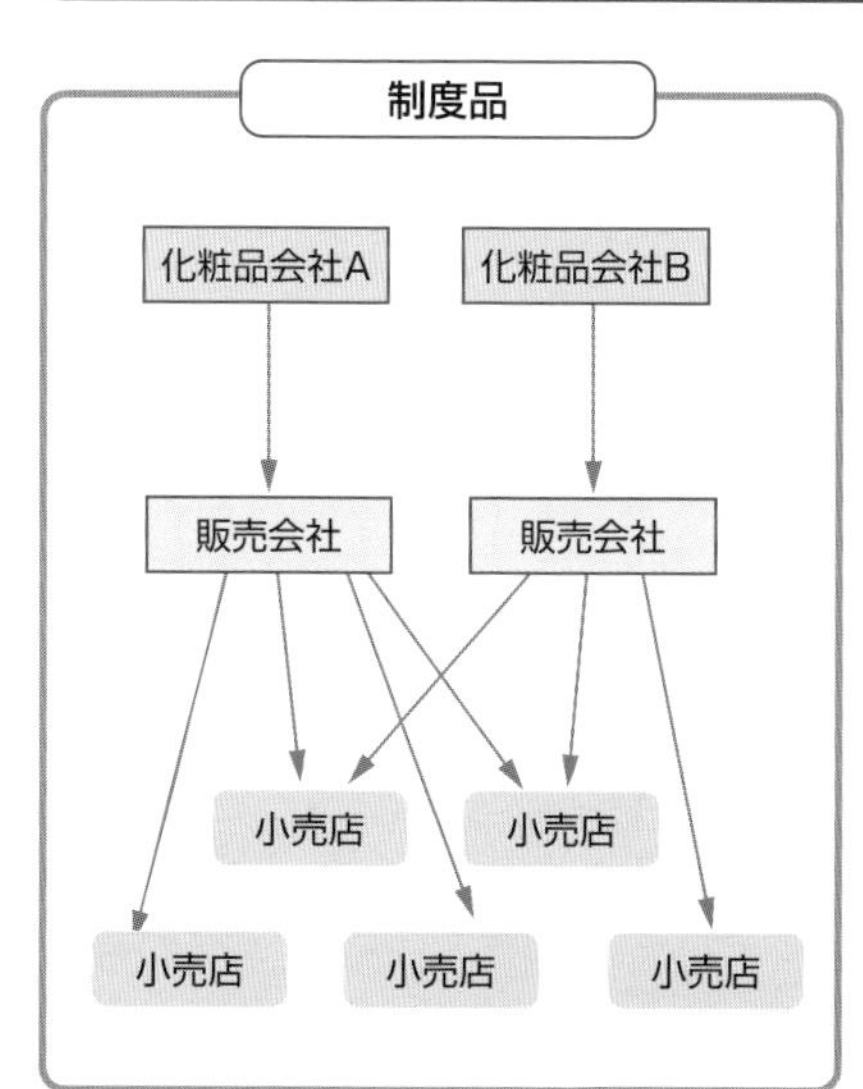

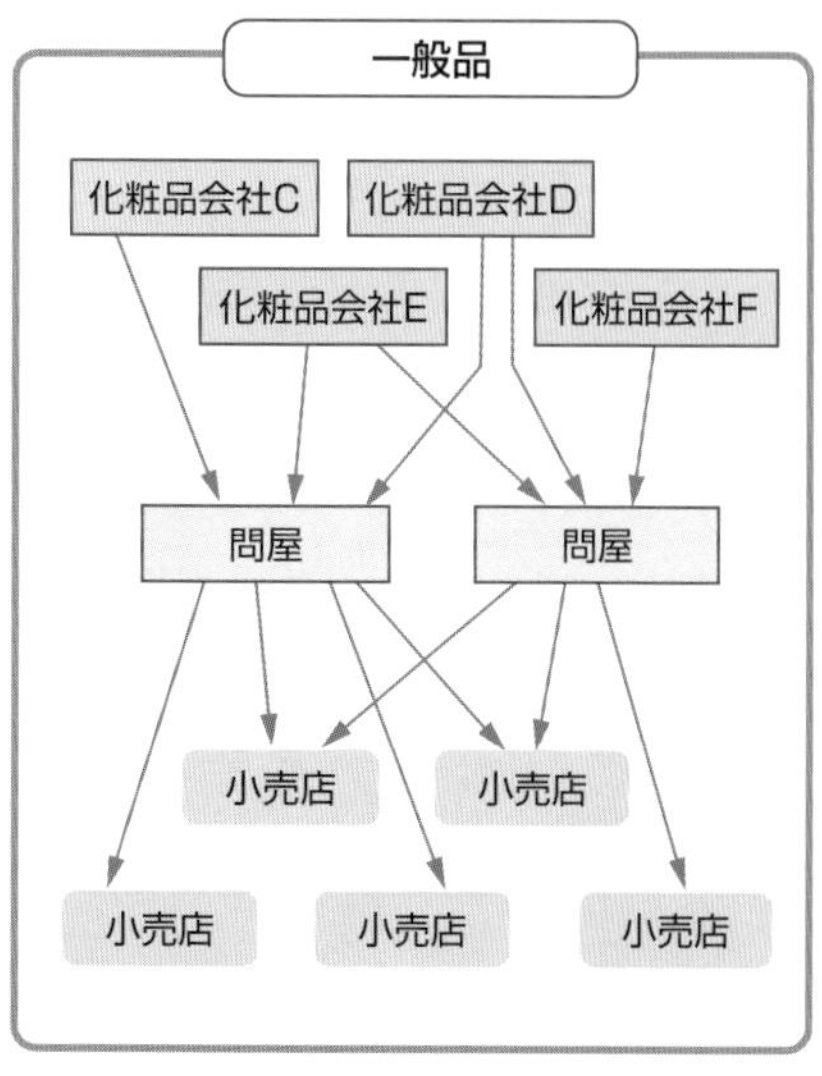

＊パブリシティ　新聞雑誌など広告によらない紹介記事。消費者からの信頼性が高いペイドパブと呼ばれるパブリシティ広告もある。

3 制度品メーカーのセルフ市場への参入

制度品メーカーはセルフ市場に対応するため、それぞれセルフ新会社を設立し、制度品とは別の新しい契約をチェーン店と結びました。

セルフ新会社の設立

再販撤廃により、昭和二〇年代前半の化粧品業界あげての安売り合戦に立ち返ろうという意図は、一部のアウトローを除いては、業界のステークスホルダーにはありませんでした。再販前の安売市場の恐怖はメーカー、卸、小売のすべてが十分にわかっています。ただし、消費者からの要望、日本経済全体の規制緩和の流れから考えると、業界は再販撤廃の必要性も、これを否めないことと理解もしてきました。

そこで制度品メーカーは、自由競争価格販売を前提にした市場と、小売店主導の定価販売を前提にした市場とに分けて育成しようと考えるようになりました。**セルフ市場**に積極的に取り組み、来たるべく再販撤廃後の市場をにらんで、資生堂は資生堂コスメニティ（現資生堂フィティット）、コーセーはコーセーコスメニエンス、カネボウはカネボウコスメットという別会社を、それぞれ再販撤廃前に設立*し、セルフ市場に対応しようとしました。

セルフ新会社の仕組み

セルフ新会社の販売機能は、一般の問屋ではなく、制度品メーカーの販社のもとに託され、制度品の商品と同じように制度品チェーンに流通させせました。

設立当初、低価格のスキンケアおよびメイクアップ、男性化粧品とヘアー商品の全品をチェーン契約の対象商品から外し、これらの商品を取り扱う場合、新たに新会社との契約を義務付けました。

＊…に設立 1991年に資生堂コスメニティが設立、1993年にコーセーコスメニエンスが設立、1994年にはカネボウコスメットが設立された。

新会社との取引条件は、従来の制度品よりも低い六五％の掛率で、累進性のないリベートを付与しました。セルフ商品ということで美容部員の派遣対象からも外しました。

その一方で、テレビコマーシャルをはじめとする広告宣伝活動は積極的に行いました。制度品の場合、その販売管理費の多くが美容部員の人件費となっていますが、新会社の場合は美容部員を抱えないので、そのぶんがテレビコマーシャルなどの広告宣伝費に充当される格好です。新会社は、従来の制度品取扱い店以外にも取引契約を広げました。制度品取扱いの場合は、最低でも二〇〇万円近い初回納品が必要ですが、セルフ商品のみの取扱いであれば、制度品の基準に満たない小さな金額での初回納品も可能になりました。この柔軟な契約によって、セルフ新会社の契約数は瞬く間に広がりました。

制度品のセルフ新会社は、制度品の販社システムを活用したもので、小売店に対して、一般品メーカーよりきめ細かい**リテールサポート***が行われ、一般品メーカーにとってたいへんな脅威となりました。

セルフ新会社の設立

	資生堂	カネボウ	コーセー
制度品	資生堂	カネボウ	コーセー
セルフ化粧品	資生堂 フィティット	カネボウ コスメット	コーセー コスメニエンス
トイレタリー	エフティ資生堂	花王	コーセー コスメポート

***リテールサポート**　問屋による小売店支援のこと。

4 ドラッグストアの台頭

セルフ化粧品の高成長の背景として、ドラッグストアの急激な台頭の時期と重なったことも大きな要因となっています。

ドラッグストアの急成長

化粧品業界でセルフ市場が拡大した原因として、消費者のセルフセレクション志向が高まったこと、再販撤廃により価格が自由化されたこと、制度品メーカーのセルフ商品の開発などが挙げられますが、その背景として、ドラッグストアの業態が急激に増加したことが挙げられます。

従来から化粧品は薬局、薬店で取り扱われていました。そういった薬局、薬店の中で先進的な経営者が、当時の米国のスーパードラッグ業態に学び大型店舗を開発しました。

中でも神奈川を中心としたHAC*は、ヘルシー&ビューティの大型店舗を開発しました。

また、千葉のローカルドラッグチェーンに過ぎなかったマツモトキヨシ（マツキヨ）が飛躍的な成長を遂げました。一階に薬・トイレタリー、二階と二階に続く階段に化粧品を並べるまったく新しい都市型ドラッグストア店舗を開発し、首都圏を中心に一挙に店舗を広げました。

マツキヨの出店のない地域でもマツキヨの知名度は高く、一つのブランドになりました。その後、西日本の一等地に出店した際も、瞬く間に地域一番店の地位を確保しました。そしてコクミンを抜き、業界トップの座に一気に駆け上がったのでした。

ドラッグストアの合従連衡

このドラッグストアの出店攻勢は、いまや首都圏や

＊HAC　神奈川、静岡を中心に、首都圏にドミナントを形成するドラッグストアチェーン。店舗ブランド名をHAC、社名をCFSコーポレーションとしたが、2016年ウェルシア薬局株式会社に吸収合併され解散した。

関西圏に限らず、全国的に広がっています。また、その立地も駅前や中心市街地だけでなく、郊外にも凄まじい勢いで延びています。

全国制覇をはたしたサンドラック、北海道を制覇して東北から関東を目指すツルハ、中部にはスギ薬局、関西では…、その他、数十店舗単位でチェーン化している企業がいくつも出てきました。さながら、戦国時代の国盗り物語の豪族のような様相です。

また、これらのドラッグは合従連衡やM＆Aも積極的に行っています。ウェルシア、高田薬局、寺島薬局、イレブンが合従連衡し、ウェルシアＨＤとなり、セイジョー、セガミもホールディング化し、ココカラファインＨＤとなりました。

二〇一五年、イオングループはウェルシアＨＤ、ＣＦＳコーポレーション。タキヤ、シミズ薬品を完全子会社化、一気にマツモトキヨシを抜いて業界首位となりましたが、二〇一九年にマツモトキヨシＨＤはココカラファインとの統合を図り、再度一位に返り咲くでしょう。

2019年有力ドラッグチェーン売上高

順位	前年度順位	社名	売上高	増減	店舗数	決算期	本部
1	2	ツルハHD(連結)	782,447	16.2	2,082	19/5	北海道
2	1	ウエルシアHD(連結)	779,148	12.1	1,874	19/2	東京
3	5	コスモス薬品(連結)	611,137	9.5	993	19/5	福岡
4	3	サンドラッグ(連結)	588,069	4.2	1,147	19/3	東京
5	4	マツモトキヨシHD(連結)	575,991	3.1	1,654	19/3	千葉
6	6	スギHD(連結)	488,464	6.9	1,190	19/2	愛知
7	7	ココカラファイン(連結)	400,559	2.5	1,354	19/3	神奈川
8	8	富士薬品ドラッグストアグループ	350,547	2.7	1,337	19/3	埼玉
9	10	クリエイトSDHD(連結)	286,299	6.8	634	19/5	神奈川
10	9	カワチ薬品(連結)	264,926	▲1.2	334	19/2	栃木

5 安売り時代の到来

化粧品はドラッグストア台頭の際の目玉商品として安売りされてきました。しかし、この値引き販売はドラッグストア自体も疲弊させせました。

安売り合戦の始まり

ドラッグストアの台頭の時期は化粧品の再販撤廃の時期と重なり、特に制度品メーカーの化粧品は、ドラッグストアの集客の目玉*にされました。

特に再販撤廃当時の大阪・梅田の安売りは凄まじいものがありました。大阪・梅田は大阪駅周辺のターミナル地域ですから、大阪全域はもちろん、京都や神戸をはじめ、関西圏全域の地理的な中心街です。関西圏全体に影響を与えました。

また、ドラッグストアが立ち並ぶ地域では、制度品メーカーの化粧品は通常は二五%引きでも、ある店が二八%引きにすれば、値引きポスターはすぐに二八%に書き換えられ、どこかの店が三〇%引きにすれば、まわりの店も一挙に三〇%引きになるといったように、ガソリンスタンドの料金のように、価格競争をする地域も出てきました。

ドラッグストアだけでなく、一部専門店の中でも、制度品メーカー商品の安売店に宗旨替えして、ドラッグストア以上の値引きをする店まで現れました。

一律値引きは愚の骨頂

この化粧品の一律値引きは愚の骨頂です。このような「全品〇〇%引き」とするような業界は、いずれ崩壊します。

例えば、冷凍食品業界は通常でもよく二〇%引きされています。でも消費者は、月に何度か三〇～四〇%引きになるときにまとめ買いします。このことで冷凍

***集客の目玉**　化粧品安売店を全国にチェーン系列する会社も現れた。

食品の値付けは、ディスカウントされることが前提になってしまいました。

特に化粧品の場合、セルフ化粧品なら掛率六五％で累進リベートはありませんので、三〇％の値引きをしたら、どの店も五％プラスアルファしか粗利がありません。もっと安く仕入れられる方法が小売側にあるなら、他店との競争優位もありますが、メーカーが特別の値引きや特別のリベートを付けたりしない限り、まったく値引きの原資は発生しません。

もともと化粧品は、雑貨などに比べて利益率が高いことで小売店に寄与してきたのです。このように粗利が低い商材となってしまっては、商売的にまったく魅力がありません。再販撤廃当時なら、制度品メーカー商品の値引き販売も集客の目玉となりましたが、いまや値引きも当たり前になってくると、目玉商品、おとり商品にもなりません。

最近はドラッグストアでもPB*化粧品を開発したり、あまり他店が力を入れていない商品を育成したりと、値引き競争から逃れられる商品に力を入れ始めて、化粧品を利益商材に戻そうとする動きが出ています。

ドラッグストア等での化粧品購入に関して不便、ストレスに感じるポイント

理由	回答数	回答数比率（%）
相談できる相手がいない、店員の商品知識が乏しい	364	26.2
品揃えが悪い、品切れ商品がある	205	14.8
探している商品が見付からない	88	6.3
店内が落ち着かない	141	10.2
試したい商品のサンプルやテスターがない	189	13.6
安っぽい、高級感がない	14	1.0
商品やテスターが不潔	52	3.7
品質に不安、不満（他人が触るので）	54	3.9
安いので他のものまで買ってしまう	67	4.8
商品情報が足りない	90	6.5
その他	51	3.7
分析不能	231	16.6
回答ユニーク数	1389	100.0
回答数合計	1546	111.3

＊PB　Private Brandの略。プライベートブランド、自社ブランドともいう。

6 新しい業態の登場

セルフ化粧品の売場はホームセンター、ディスカウントストア、バラエティストアなどの新しい業態にも広がりました。

ホームセンター

セルフ商品の売場が増えたのは、ドラッグストアの出店ラッシュにのみ依存したものではありません。

まず、ホームセンターの成長が挙げられます。ホームセンターは初期の頃は「Do it yourself」をコンセプトとした郊外型の**カテゴリーキラー**＊として発展しましたが、コメリ、ケーヨー、ジョイフル本田など、全国的にチェーン化する企業が現れ、急成長を遂げました。

近年は店舗の大型化が進み、幅広い商材を取り扱うように変化してきました。ヘルシー&ビューティのカテゴリーでも商品幅を広げ、化粧品の取扱いも始めました。特にポンプ式のシャンプー、リンスなどは、ホームセンターの得意商品です。

ディスカウントストア

次にディスカウントストアでの取扱いが挙げられます。もともとディスカウントストアは、再販がまかり通っていた時代には、横流し店から仕入れた商品を安売りする急先鋒として、化粧品業界からは遠い存在でした。化粧品の取扱いといっても、一部の単品商品だけを大量に並べるといったものでした。

しかし、ユニークな商品をユニークに販売していく業態店が出てきて一変しました。無名でも安くてユニークな商品であれば、販売チャンスが与えられるとして、化粧品メーカーからも注目され始めました。特に、ドンキホーテのような都心型ディスカウントストアでの売上には、目を見張るものがあります。

＊**カテゴリーキラー**　特定分野の商品群において圧倒的な品揃えで、低価格大量販売する小売の業態。

バラエティストア

安売り中心のセルフ業態と一線を画した存在としてバラエティショップがあります。特にプラザ*は特徴ある品揃えで、若者に人気のあるショップとして全国に店舗を広げつつあります。バラエティショップにはコスメ好きの若者が集まり、品揃えもターゲットを絞った構成にしてあります。自社開発商品にも積極的に取り組んでいます。バラエティショップでは、基本的に安売り販売はしませんので、定価販売を守りたいと考えるブランドがドラッグストアでも扱いを避けて、バラエティショップでの取扱いを中心にすることとなりました。

ケサランパサラン、エテュセなどは百貨店、専門店に加えてバラエティストアでも取扱う戦略を採っています。また、キャンメイク、インテグレート、ケイト、レブロン、メイベリンなどはドラッグストアにも卸して、取扱店数を増やす戦略を採っているようです。

アットコスメ　ベストコスメアワード2019

	ブランド	商品	主な流通
総合1位	セザンヌ	パールグロウハイライト	ドラック バラエティ
総合2位	エクセル	スキニーリッチシャドウ	ドラック バラエティ
総合3位	ランコム	ダンイドル ウルトラ ウェア リキッド	百貨店
総合4位	コスメデコルテ	フェイスパウダー コスメデコルテ	専門店 百貨店
総合5位	ケイト	デザイニング アイブロウ 3D	ドラック バラエティ
総合6位	ファンケル	マイルドクレンジング オイル	通販 バラエティ
総合7位	マキアージュ	ドラマティックパウダリー UV	専門店 バラエティ
総合8位	オルビス	オルビスユーローション	通販 バラエティ
総合9位	ナチュリエ	ハトムギ化粧水	ドラック バラエティ
総合10位	ポール&ジョーボーテ	モイスチュアライジング ファンデーション プライマーS	百貨店

***プラザ**　ソニー株式会社グループのバラエティストア。1966年設立。直営店は全国70店舗。2007年3月ソニー・プラザから変更した。

7 コンビニエンスストアへの展開

コンビニエンスストアは当初、男性化粧品中心の取扱いでスタートしました。その後、DHCがスキンケアの拡販に成功し、市場が一変しました。

コンビニエンスストアへの取扱い

コンビニエンスストアは八〇年代に新業態として全国的に急成長しました。小商圏を対象とし、回転率の良い限られたアイテムに絞って、長時間営業をする業態として、フランチャイズ方式を中心にチェーンオペレーションされています。

化粧品の取扱いは比較的早いものでした。八〇年代の初めには資生堂、カネボウ共にコンビニエンスストアでの取扱いを開始しました。当時はまだ制度品システムが堅く守られていた時代でしたので、チェーンストア契約をしていない店舗に対して、男性化粧品など、一部のアイテムのみを納品していくことには、全粧連などの化粧品小売業組合も強く反対しましたが、メーカー側が強引に進めました。当時、セルフ用化粧品といえば、男性化粧品でしたが、化粧品店に買いに行くという行動は男性客に馴染まず、奥様が代わりに買うか、GMS*などで買われるかでした。

コンビニエンスストアでの化粧品の取扱いが始まると、男性化粧品の販売流通は一挙に化粧品店からコンビニエンスストアに移るようになりました。メーカー側もコンビニエンスストア向けの男性ブランドを立ち上げるなどして、化粧品店とは差別化を図りましたが、すでに「男性化粧品はコンビニエンスストアで」という構図が出来上がってしまいました。

DHCの試み

男性化粧品中心の取扱いを化粧品全体の取扱いに

＊GMS　General Merchandise Storeの略。**ゼネラルマーチャンダイズストア**。**総合小売業**ともいう。食品や日用品、家電、衣服などを扱う大規模なスーパーのこと。

まで一変させたのがＤＨＣです。

　コンビニエンスストアも飽和状態になり、グループ間競争が激しくなると、各企業は独自商品の開発に力を入れるようになりました。特にセブンイレブンはオリジナル商品の開発に熱心で、オリジナル化粧品の開発にも興味を持っていました。ＤＨＣは、当時通販売上が好調に伸び出してきた時期で、通販流通以外の流通も模索していました。そこでセブンイレブンへのオリジナル商品の提供で手を結びました。

　ＤＨＣは、独自の判断でセブンイレブン専用商品のテレビコマーシャルも行うという戦術を採りました。このプロモーションが見事に当たり、ＤＨＣのコンビニ化粧品は瞬く間にコンビニ市場を席巻しました。

　資生堂も子会社を設立し、コンビニ専用ブランドの「化粧惑星」を発売し、ＤＨＣに対抗しました。ピアスはパラドゥというコンビニエンスストア専用ブランドを展開しています。

　現在はドラッグストアに押され品数も減少していますが、化粧品はコンビニの定番となりました。


2020年度コンビニ上位6社売上高（2月期中間決算）

順位	企業名	売上高（百万円）	店舗数
1	セブンイレブン	2,532,679	21,017
2	ファミリーマート	1,521,879	15,582
3	ローソン	1,176,721	13,855
4	ミニストップ	161,911	1,998
5	スリーエフ	32,241	360
5	ポプラ	23,932	486

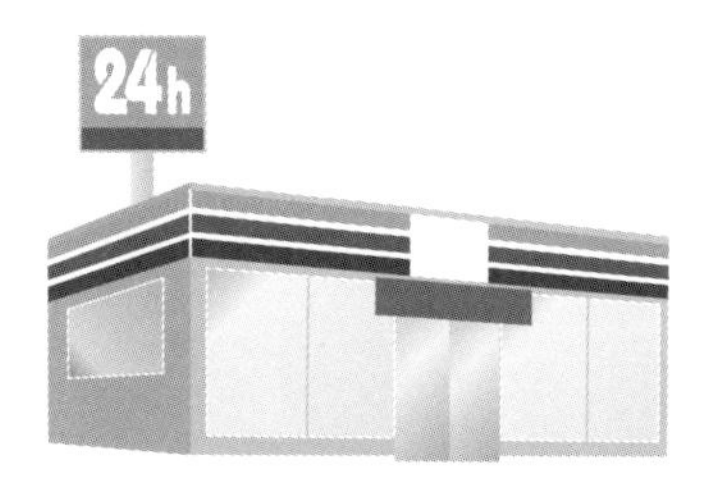

【コンビニ流通の利点】メーカーにとってのコンビニエンスストア流通の利点は、定価販売が約束されていることで、安定価格のもと、ブランドの育成がしやすくなる。

8 卸売業の動向

卸売業は大手に統合され、化粧品の細かいサポートについて、一般品メーカーは問屋に依存することができない状況になっています。

卸売業の統合

昭和の時代は、まだ現在ほど物流網も発達してはいませんでしたから、全国的に商品を流通させるためには地域卸が不可欠で、二次問屋、三次問屋の存在意義も十分ありました。

しかしながら、高速道路網が整備され、全国津々浦々まで商品を届けることが容易になり、さらにIT技術の発達により、商取引が電子化されるようになると、中小の二次問屋や地域問屋などは次第に淘汰されるようになりました。そして、物流力、金融力、情報力を持った大手問屋は地域問屋を吸収し、全国勢力を持つようになってきました。

化粧品、トイレタリーの卸売業界も例外ではなく、大手卸売企業の**パルタック**＊は地域問屋を吸収し、全国規模で商品流通できる力を取得しました。一方、札幌のダイカ、名古屋の伊藤伊、福岡のサンビックが共同持株会社「あらた」を設立し、巨大なスケールになりました。日用雑貨卸売業はこの二強といっても過言ではありません。

化粧品問屋の課題

パルタックは物流面ではとても力のある会社ですので、トイレタリー商品の卸売には断然、力を発揮します。しかしながら、化粧品のように、小売店に対して細かいリテールサポートが必要になるビジネスはあまり得意ではありません。リテールサポートの専門部隊も持っていますが、化粧品育成については制度品メー

＊**パルタック**　本店は大阪市。化粧品、トイレタリー、日用雑貨卸を主体とする。1898（明治31）年創業。

カーに太刀打ちできません。

化粧品の場合、商品を育成するのは手間と時間がかかります。化粧品専門の問屋でなければ新ブランドの育成は難しいと思われます。ブランドを育成するのに定評のある化粧品問屋としては、大山と井田両国堂といった会社が挙げられます。

井田両国堂の場合は、問屋というよりメーカー志向になって、自社のオリジナルブランドに力を入れるようになってきました。特に低価格のメイクアップブランド、キャンメイクやセザンヌといった商品はバラエティストアの品揃えに欠かせない商品です。このキラーアイテムを武器にしてバラエティストアへの専門問屋としては欠かせない会社になっています。

一般品メーカーとしては、小売店との取引について、物流機能や代金回収機能などは問屋に委託するにしても、実際の大手小売への交渉や、プロモーション活動などは自社で行わざるを得ません。特に小売と組んだプロモーションの展開などは問屋任せでは難しい状況です。

日用雑貨卸売会社上位企業の売上（2019年期）

（単位：億円）

	売上	利益
Paltac	10,000	245
あらた	7,600	97
ハピネット	2,300	50
CBグループ	1,490	18
ドウシシャ	1,100	84

各社決算資料より

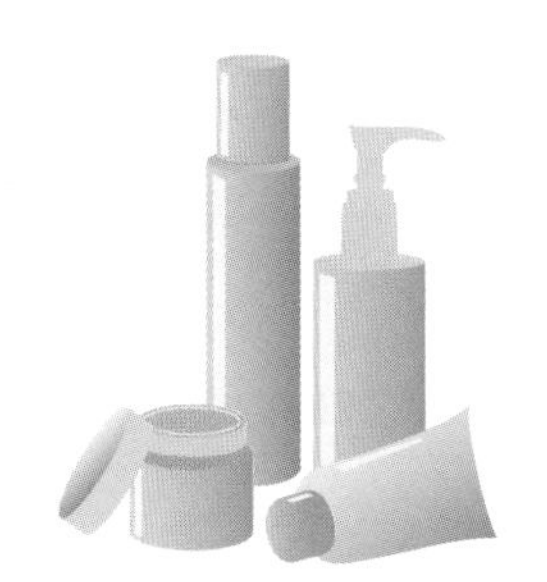

▼Paltacのホームページ

9

今後のセルフ市場の課題

ドラッグストアでも安売りに疲弊してきました。そこで、化粧品ビジネス本来の高利益、顧客の固定というアドバンテージを確保できるように努力し始めました。

疲弊するドラッグストア

再販撤廃当初、ドラッグストアは化粧品を安売りの目玉商品として集客に利用してきましたが、いまや値引きするからといって集客が図れるものでもありません。特に同じような業態が乱立する地域では、店舗間の特徴がまったく見られなくなっています。

本来、安売りというものは、小売店にとって仕入におけるエ夫や何らかの努力をしたものを原資とすべきものです。例えば、生鮮品の安売りなら産地から直接仕入れたとか、メーカーから大量に安く仕入れたなどです。

しかし、制度品メーカーの化粧品の場合、仕入価格が店舗間でほぼ同じであるわけですから、値引き合戦は自社の利益率を下げるだけのノーガードの打ち合いとなり、長く続けられるものではありません。そのうちドラッグストアでも、利益率が低いという理由で、化粧品の取扱いを中止するグループも出てくるかもしれません。

利益商材への取り組み

そうした状況のもと、ドラッグストアでも利益が確保できる化粧品ブランドを中心に販売しようとする動きが出てきました。マツモトキヨシでは、オリジナルブランドも開発しています。しかしながら、自社のオリジナルブランドは、流行の激しいドラッグ業界で取り組むにはリスキーです。まして、専属の化粧品販売員を用意できるほど余裕のあるドラッグストアはなかな

【PBとNB】 小売のオリジナルブランドであるプライベートブランド(PB)に対して、メーカーが開放的に流通するブランドをナショナルブランド(NB)という。

かありません。メーカーの美容部員は自社ブランドしか売ってはくれません。制度品メーカーでは、ドラッグストアに対して、値引きの激しい企業グループには納品しないようなブランドを、利益商材として育成するようにすすめています。その方が利益も確保でき、PBのようなリスクもありません。

また、ドラッグストアの中には、セルフ商品を購入された消費者といえども、顧客として固定化が図れるように努力し始めた企業もあります。化粧品ビジネスの魅力は、やはり顧客の固定化です。化粧品でもって固定化してくれれば、化粧品のみならず、店全体の売上にとっても、いい影響を与えます。

固定化施策としては、いままで作っていなかった台帳を整備したり、ポイントカードを利用したりしています。優良会員に対しては特別なサービスを始めている店もあります。

このようにドラッグストアでも、安売り一辺倒ではなく、顧客にとっての買いやすさを確保しながらも、適正な利益を確保できる業態に変化させていこうとする努力が始まりました。

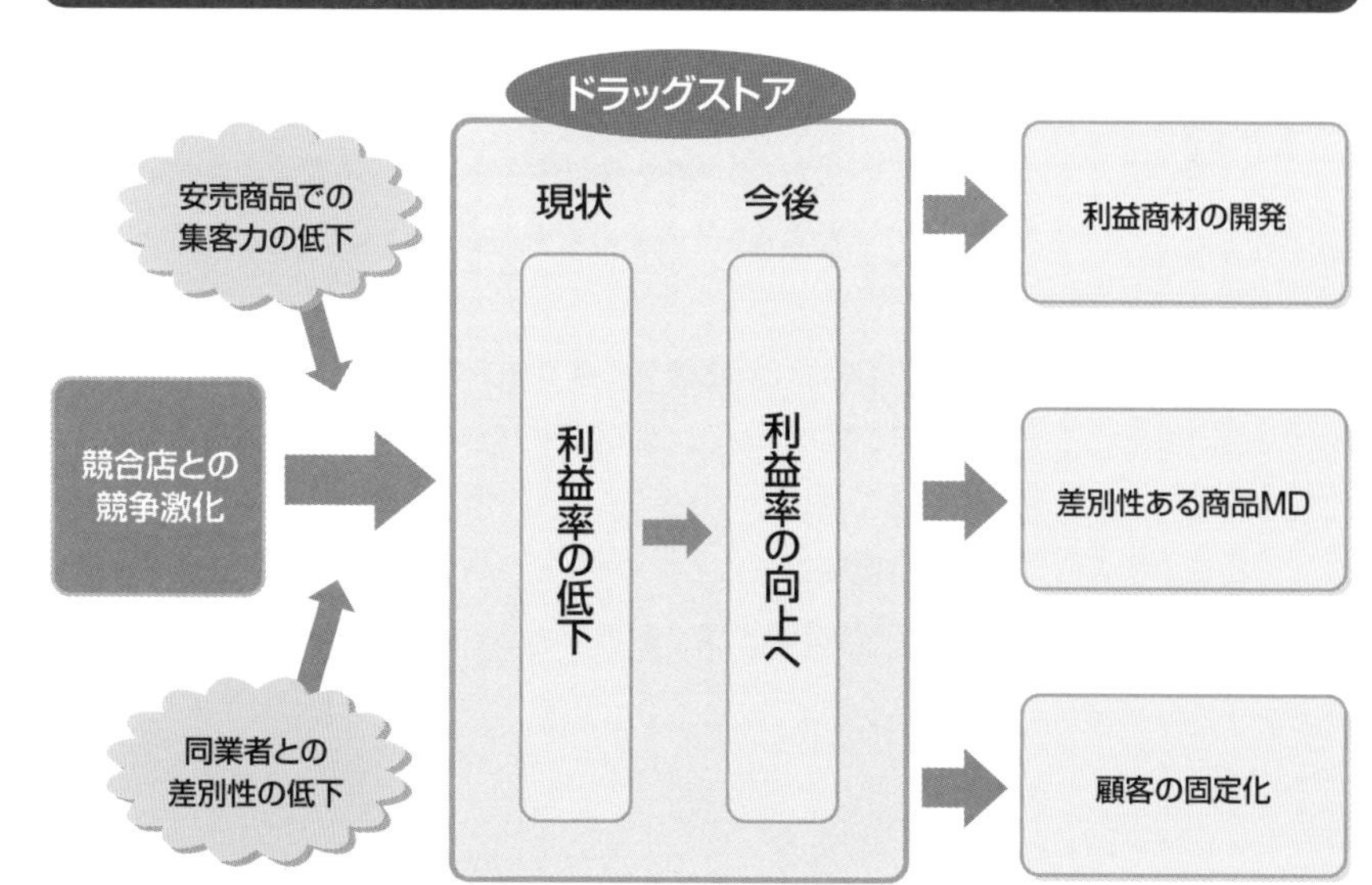

【ナショナルプライベートブランド】 ナショナルブランド(NB)とプライベートブランド(PB)の中間の位置付けとして、一部の店舗のみに限定して流通させるメーカーのブランド。NPBとも略される。

インバウンドとアウトバウンド

インバウンドとアウトバウンドという用語は本書では２通りの言葉として登場します。

一つは通信販売の章（第6章）に登場するインバウンドとアウトバウンドです。電話などで顧客からの問い合わせや受注を受ける行為をインバウンド、こちらから電話を掛けて売り込みなどをする活動をアウトバウンドといいます。

もう一つは旅行業界から来たインバウンドとアウトバウンドです。インバウンドは外国人旅行客が日本に訪れること、アウトバウンドは日本人が海外に旅行することをいいます。最近では旅行業界用語のインバウンドが一般的となって来ました。

化粧品業界でインバウンド売上というと外国人旅行客による売上実績と考えるのが一般的です。先日、卸売問屋の営業担当者の方とお話しして違和感があったことがあります。その方は「○○店は最近インバウンド売上が落ち込んで売上が大幅にダウンした」といわれました。しかし、○○店はどう考えても外国人観光客が訪れるような地区ではないのです。話をよく聞くと、どうもその店には定期的に在日中国人の方が訪れて商品を大量購入されていたそうで、その売上が減ったのです。

在日中国人には、代理購入といって中国からの注文を受けて中国本土に送ることを商売にしている人がいます。たぶん、そのような代理購入者による購買だったのでしょう。

しかし、2019年に中国EC法という法律ができて法人でない個人が商品を送ることが制限を受けるようになり、個人による代理購入が難しくなったのです。それでその店舗は売上が大幅に落ち込んだのでしょう。

在日中国人による購入は免税対象にもならず、インバウンドではありません。言葉はその業界、その会社によって定義が違うものであると改めて実感しました。

第4章

専門店流通の動向とカラクリ

制度品システムに守られた化粧品専門店も、再販撤廃により岐路に立たされています。高齢化社会に対応した地元密着店、高付加価値店、カウンセリング店への転換が必要です。

1

ポスト再販時代の専門店

メーカーの手厚い庇護のもと、化粧品専門店は厳しい市場から守られてきましたが、再販撤廃により、一挙に厳しい市場環境にさらされるようになりました。

専門店の脆弱性

化粧品専門店は再販制と制度品システムのもとで長年守られてきました。メーカーが市場価格を守ってくれたからです。広告宣伝はメーカーが行い、店頭助成物は無償で支給してくれます。商品は発注すれば翌日には送料なしで届けてくれます。緊急に商品が必要なら、営業社員が持って来てくれたりもしました。発注ミスも引き取ってくれます。売上が上がれば美容部員も派遣してくれ、コーナー費も負担してくれます。

しかし、このようなメーカーによる手厚いサービスのもと、化粧品専門店には「何でもメーカーがやってくれる」「売上が落ちるのはメーカーが悪い」と考えるような、甘えの体質が蔓延するようになって、今後の戦略を自分自身で考えることのできない脆弱な体質になってしまいました。

再販撤廃後の専門店

一九九七(平成九)年に**再販制が撤廃***されると、専門店の経営は一挙に苦しい状況に追い込まれました。自店の周りにはドラッグストアが乱立するようになり、制度品化粧品を二〇〜三〇%値引きするようになると、もともと集客力の弱い零細小売店は大打撃を受けました。制度品化粧品を解約するチェーン店、商売自体を廃業するチェーン店が続出するようになったのです。

制度品メーカーにとって、チェーン店の解約は最も頭の痛い問題です。売上の小さなチェーン店といえど

***再販制が撤廃**　2-11節参照。

も、歴代の営業社員がしっかりと商品を押し込んでいますので、一メーカーの商品で二〇〇万〜四〇〇万円前後の在庫を抱えています。解約の場合、それを全部買取らなければならないので、販売成績に大きく響きます。

制度品メーカーとしても定価販売を守らせるような行為はできませんし、専門店に値引き販売を促すようなことも差し控えられ、現場の営業社員としても、明確な方向性が打ち出せません。資生堂は、前章で説明した新チェーンストア契約で対応しようとしましたが、抜本的な解決には至っていません。

また、広告宣伝の手法も従来のやり方は難しくなってきました。テレビなどのマス媒体で宣伝しても、そのブランドは、ドラッグストアなどで値引きの目玉にされてしまい、専門店へ誘致するための支援策とはならない*からです。

売上比率は下がったとしても、専門店流通はメーカーにとって死守していきたいものであり、今後も手を抜けないものであることに違いはありません。

化粧品専門店とドラックストアの売上推移

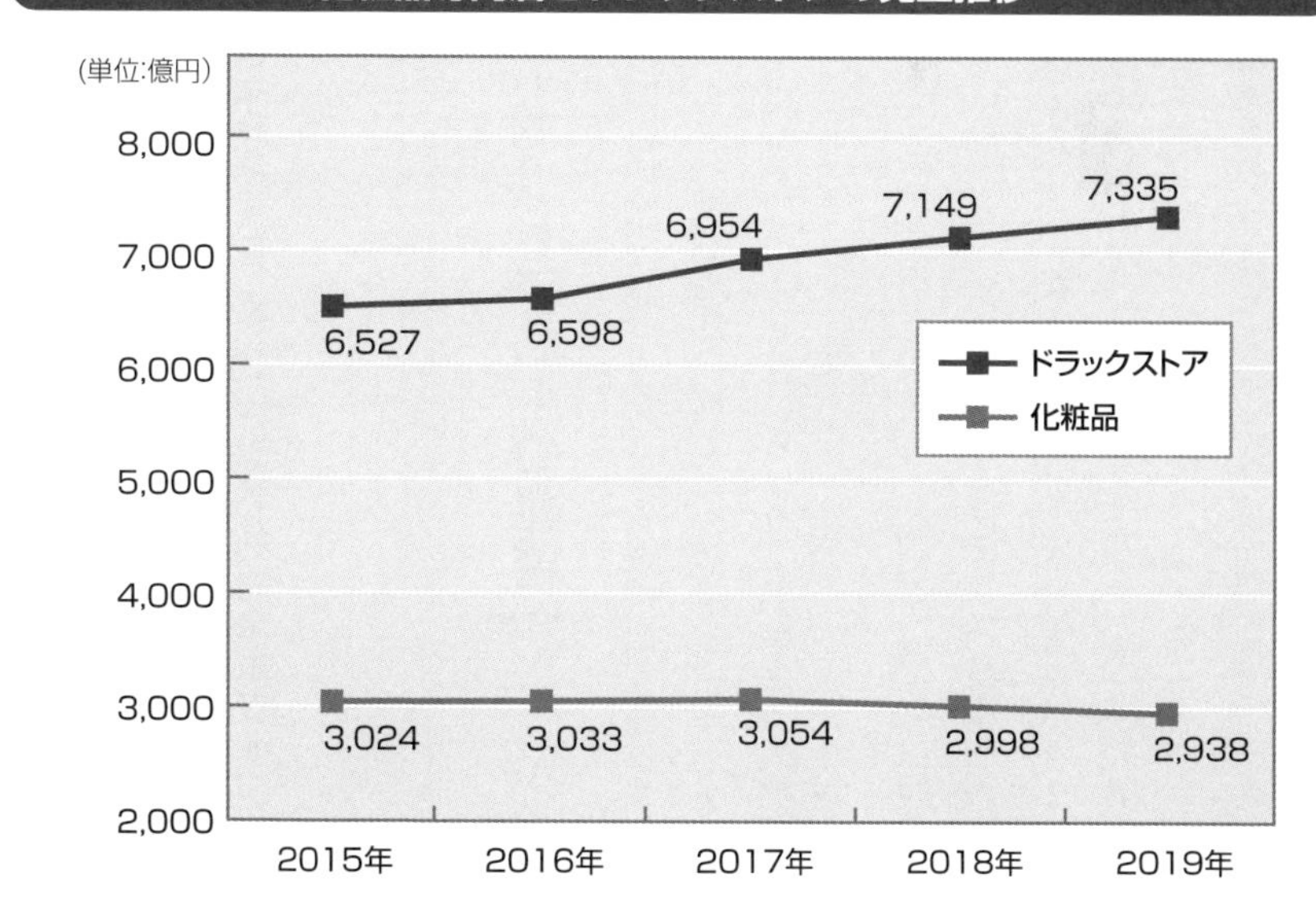

＊…支援策とはならない　大手化粧品メーカーの中には一時期、値引きの激しい地域でのマスブランドのTVコマーシャルを抑えたこともあった。

2 専門店ブランドの登場

専門店の優良顧客の流出を避けるため、専門店専用ブランドが開発されました。中でもカネボウトワニーは専門店ブランドとして大きく育ちました。

専門店ブランドの必要性

化粧品専門店は、再販撤廃以降の化粧品の安売りに対抗する方法として、第一に自店の上顧客の流出を防ぐ必要がありました。

化粧品専門店では顧客は商品についているというより、専門店の店主の奥様についているという場合が多いのです。店の奥様が資生堂を好きであれば、資生堂を積極的に売ります。顧客も店の奥様を信頼して、すすめる商品を購入します。

そこで制度品メーカーは、化粧品専門店に対して専門店専用の商品を開発しました。店の奥様に、この専門店専用商品を上顧客に積極的に推奨してもらい、既存の制度品ブランドからスイッチさせようと考えたのでした。

カネボウトワニーの登場

この既存の制度品ブランドから専門店ブランドへのスイッチを、最も迅速に進めたのはカネボウです。カネボウは、「**トワニー***」というブランドを作って専門店専用ブランドとしました。

トワニーは、値引き販売をしないチェーン店で、カネボウの売上が一定水準以上ある店に、積極的に導入されました。全国の有力チェーン店で結成されたトワニー会が運営していることになっていますが、各県単位でトワニー会の会長も任命されており、トワニー会が商品開発やプロモーションの企画を考え、カネボウのチェーン店がサポートするということになってい

＊トワニー 「生体のリズム」から発想された化粧品シリーズとして、1996年に誕生。スキンケア、メイクアップ、ボディケア、ヘアケア、フレグランス、サプリメントまで配置したトータルブランドである。

ます。

この方法は、トワニー取扱いについての安売店の排除に多いに役立ちました。安売りの恐れのある有力店がトワニーの取扱いを希望しても、「トワニーのその地域での取扱いは、トワニー会の承認が必要」という口実で逃げることができました。

トワニーの商品構成は既存のカネボウブランドの商品構成とほぼ同じです。同じ価格帯の商品でも既存の商品より、若干、効果の高い成分が入っていて、マスのカネボウからスイッチしやすいようになっています。マスのカネボウブランドから大型の新製品が発売される場合でも、トワニーから、その商品とほぼ同じ商品が発売されるようになっています。

トワニーは、一般のカネボウブランドよりも掛率が低く抑えられており、利益幅も大きくなっています。ただし、掛率が低い代わりに、広告宣伝などしないことになっています。

トワニーはマスでは宣伝されないので、ブランドの認知は低いですが、年間売上三〇〇億円規模となり、カネボウで最も大きなブランドにまで育ちました。

トワニーの戦略

【トワニーの現在】 カネボウが花王に吸収されるようになるとトワニーのような関係性は花王の風土とはなじまず、トワニー会も2016年に解散した。

3 資生堂、コーセーの専門店ブランド

資生堂は数々のアウトオブブランドで専門店対策を、カネボウはトワニーとリサージで専門店対策を行いました。

資生堂の専門店ブランド

資生堂は再販制がまだ磐石だった時代から、専門店向けの別会社として「ディシラ」というブランドを持っていました。また、「クレドポーボーテ」は百貨店だけでなく有力専門店にも導入していました。

資生堂の超有力店については、このクレドポーボーテですでに顧客の囲い込みができており、有力店における優良顧客の流出は、それほど心配していませんでした。

再販撤廃当時の資生堂は**アウトオブブランド**といって、資生堂の名前を冠しないブランドを開発し、そのおのおののブランドを育成することで企業の力を高めていこうという考えが表明されていた時期です。資生堂の名前を冠しない様々なブランドが誕生しました。その中で「キオラ」は専門店中心に配置されるブランドとして、専門店対策に利用されれました。また、「アユーラ*」は首都圏や関西圏では百貨店に配置していましたが、地方都市では効率の問題も考え、地元の有力専門店に配置しています。また、若い顧客が来る店には「エテュセ」を配置したりもしました。

アウトオブブランドでの専門店対策では、有力店に対する対応しかできず、またアウトオブブランドでは販社との連携も取れないという問題もありました。やはり中小の専門店用のブランドも必要ということで、カネボウの「トワニー」にあたるブランドとして、「ベネフィーク」を専門店専用のブランドとしました。

また、化粧品小売組合である**全粧協***が念願のオリ

＊アユーラ　2015年資生堂はアユーララボラトリーズをアインファーマシーズに売却しました。

＊全粧協　全国化粧品小売協同組合連合会のこと。化粧品小売業者を組織する組合。1998年設立。

ジナル商品「キリョウ」を開発しましたが、これを資生堂がOEM供給しました。品質も高く低価格と好評でしたが、二〇一九年資生堂は生産終了としました。

コーセー

　コーセーはブランドごとの使命を明確にしている企業です。専門店対策としてはグループ会社のアルビオンがその使命を担っています。

　コーセーの中では、長年育成してきた「コスメデコルテ」が、専門店ブランドとして改めて脚光を浴びてきました。「コスメデコルテ」は、もう三〇年以上も、コーセー取扱店の中でも厳選された一部の専門店のみに取り扱われるブランドとして、長年の愛用者を多く抱えています。再販が撤廃となっても、そのファンから根強く支持されています。

　専門向けブランドとしては、「プレディア」を販売しています。海のイメージでミネラルバランスやスパに着目したユニークなブランドです。

資生堂、カネボウ、コーセーの専門店ブランド

	資生堂		カネボウ		コーセー	
	（百貨店）	専門店	（百貨店）	専門店	（百貨店）	専門店
本体	クレドポーボーテ		インプレス		コスメデコルテ	
		ベネフィーク		トワニー		プレディア
		キオラ				
アウトオブブランド		ディシラ	リサージ			

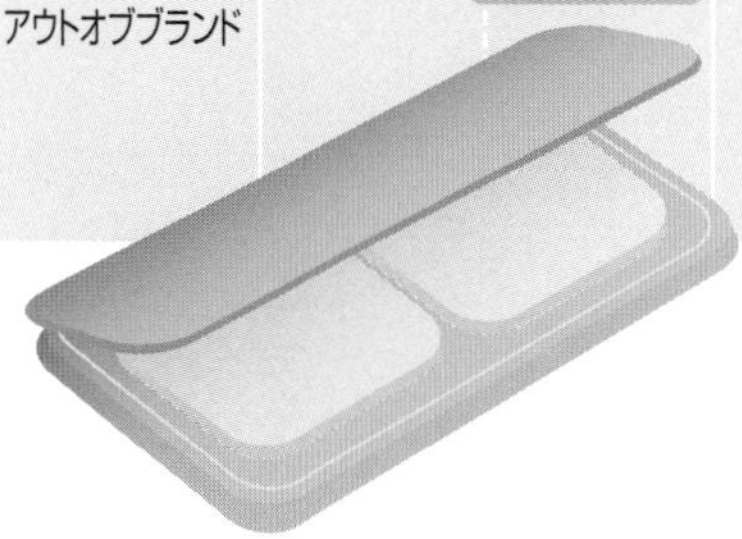

4

アルビオンの大躍進

専門店ブランドの老舗アルビオンが好調に推移しています。若い顧客からの支持も絶大で、専門店での牽引役になっています。

アルビオンとは

アルビオンはコーセーグループの化粧品会社で、株式上では連結子会社となっています。しかしながら、別会社としての歴史は古く、営業面でも人事面でも、商品、プロモーションの面でも、コーセーとは独立して運営されています。会社設立当初からアルビオンは専門店ブランドとしての使命を帯びており、現在も百貨店、専門店以外の流通との取引はしていません。

アルビオンの販売店に対する教育には業界でも定評があり、販売店相手といえども厳しい教育を施し、アルビオン商品に対する知識や技術を徹底して教え込みます。研修に参加した販売員はアルビオンの信者として戻ってくるほどです。

いまのようには売れない時代から、営業社員はチェーン店に対する細やかなサポートをしており、業界ではアルビオンファンがたくさんいました。

アルビオンの絶大な人気

地味だが根強いファンの多いアルビオンの商品が、PR担当者の努力もあってコスメ誌や女性誌に取り上げられるようになり、少しずつ若い人たちにもファンが増えてきました。

商品面においても「エクサージュ」や「イグニス」、「エレガンス」で成功し、アウトオブブランドの「アナスイ」や「ポール&ジョー」で成功するようになって、アルビオン商品は若い女性の間で絶大な人気ブランドになりました。

再販撤廃後、関西でアルビオン商品の乱売が発生しましたが、アルビオンは毅然とした態度でこれを収め、流通からも一層高い評価と信頼を得ることができました。

専門店にとっては、若い客を呼んでくれる唯一の専門店ブランドとして重宝されるようになり、百貨店においても売上は好調で、いくつかの大型百貨店においてアルビオンが売上ナンバーワンになるところもでてきました。

アルビオンは三〇〇〇店舗あった取扱店のうち、売上の上がらない店舗との契約を解除し、有力店を中心に一八〇〇店舗にまで絞り込んで、集中的に育成しました。それにより、有力専門店においては資生堂ＶＳアルビオンという、二大ブランドの構図ができあがりました。

このアルビオンの絞り込み政策はアルビオン取扱専門店と非取扱専門店の格差を生みました。また資生堂などの他メーカーも絞込みを積極的に行う先駆けとなり、大手専門店と中小零細専門店との格差が一層広がりました。

アルビオンのブランド体系

アルビオン

エクシア

エクスヴィ

コルセス

エクサージュ

アルビオン

5

高付加価値店へ

化粧品専門店は、地域の顧客の美容ニーズに応えられるような店にならなければ、生き残ることはできません。

専門店の目指す道

化粧品販売店は本来地域に密着して、地域に住む女性の美容のニーズに答えることが使命の小売業です。安売り店のことばかりに目を向けていると、化粧品専門店として、本来あるべき姿を見失ってしまいます。

地域には、化粧品専門店で美容相談をした上で、買いたいという顧客もまだまだたくさんいます。また今後、高齢化社会が進展すると、現在のドラッグストアの業態では、高齢の顧客への対応は難しいようにも思われます。

化粧品専門店は本来の使命に立ち返り、顧客の美容のニーズに十分答えられる店づくりに邁進すべきです。そのためには、化粧品についての知識、技術に磨きをかける必要があります。

また接客については、「おもてなし」の心が大切です。再来店してもらえるように十分なおもてなしをし、地域のオアシス的な店にならなければなりません。

エステティックサービス*を取り入れて、高付加価値サービスに積極的に力を入れている専門店もあります。そういった専門店は近隣の安売り店の影響などまったくなく、順調に売上を伸ばしているようです。

カウンセリング強化

専門店が生き残るためには、日頃から顧客に対して、販売員がしっかり**カウンセリング**することです。

近頃は、顧客も雑誌などで十分な美容知識を得ています。しかしながら、肌の状態についてなかなか自分

用語解説

＊エステティックサービス　エステティックサービスは、一般のエステティックサロンに比較すると、極めて低価格で行われている。

では判断できず、美容情報を知れば知るほど、自分の肌の状態について、専門家に詳しく見てもらいたいと考えるようです。

現在、制度品メーカーはどの会社も肌を測定する美容機器を用意しています。どのメーカーのものもかなり精巧で、肌状態を十分にカウンセリングすることができます。

顧客の、自分の肌を見てもらいたいというニーズに十分応えられるようになることは、専門店にとっての生き残る道であるともいえます。

自分の理想の肌状態を明確にし、顧客がそれに向かうための方法を化粧品店と共有化し、顧客と化粧品店が二人三脚で、理想の肌に向かって努力していくことが望まれます。

このように、化粧品店が顧客の「**お抱え化粧品店**」になることが、化粧品専門店にとっての理想の姿であるといえるでしょう。

高付加価値店へ

100%のカウンセリング実施		「お抱え化粧品店」
おもてなし接客	→	地域密着
徹底した顧客管理		中高年者に対応*
お手入れ、メイクアップサービス		

＊中高年者に対応　化粧品専門店は、今後急増する高齢者に対応できれば大きく伸びると考えられる。

6

大型化粧品専門店の登場

セフォラは数年であえなく撤退となりましたが、この大型化粧品専門店の業態は、国産大型化粧品店の誕生におおいに参考になりました。

セフォラの上陸

まったく新しい業態として、大型化された化粧品専門店が登場しました。

その先駆となるのはセフォラでしょう。セフォラはフランス、英国、米国など、世界数ヶ国に数百店舗を持つ、**LVMHグループ***の化粧品小売企業です。

世界で成功したビジネスモデルそのままで、一九九九年に日本に上陸し、銀座、渋谷、表参道、新宿、心斎橋など、超一等地に大型店舗を出店しましたが、数年であえなく撤退となりました。

欧米ではセフォラと取引している海外ブランドも、日本では近隣の百貨店との取引に影響することを恐れ、取引に応じなかったことが大誤算でした。百貨店ブランドをセルフで販売しようとした店舗作りも、百貨店ブランドにとっては賛同できなかった要因のようです。店舗は、セフォラの特徴であるフレグランスを前面に出した欧米の店舗モデルに準じたものでしたが、日本はスキンケア重視の市場で、フレグランスは全体の二%のマーケットでしかなく、日本市場にそぐわない商品構成になっていたことも要因でしょう。

セフォラが日本に出店していた数年間は、多くの海外ブランドが日本に進出した時期でしたが、セフォラはさながら世界のコスメの見本市のような店舗でした。セフォラ撤退で多くのブランドが撤退を余儀なくされましたが、力のあったブランドは、現在もプラザなどのバラエティストアなどを中心に、日本での販売を続けています。

＊LVMHグループ　5-4節参照。

国産大型化粧品専門店の登場

日本の化粧品業界にたいへん参考になったのは、大型化した化粧品専門店としての店舗モデルです。その後、日本型の大型化粧品専門店が登場しました。セフォラ上陸と同じ年に神奈川を拠点とするカメガヤが、新横浜のプリンスペペの一階に化粧品専門店「ミュゼ・ド・ポウ」をオープンさせました。

カウンセリング化粧品、セルフ化粧品、化粧品関連雑貨、メイクアップやエステティックのサービスコーナーなどを配置して、二〇〇坪の店舗を作りました。当時としてはわが国で最も坪数の大きな店舗です。その後カメガヤは、このミュゼ・ド・ポウの業態店舗を海老名など数店舗で成功させています。

また、新潟に本社のあるコスモスは大型店舗を作り、東京ベイららぽーとや亀有、郡山などに大型店舗を出店しました。

日本型の大型化粧品専門店*

50以上のブランドがそろうコスメミュージアム
ミュゼ・ド・ポゥ
新横浜プリンスペペ店

SHOP DATA
神奈川県横浜市北区新横浜3-4
新横浜プリンスペペ 1F
営業時間　10：00～20：00
（12・1・6～8月は21：00まで）

THE COSMOS
ららぽーと
TOKYO-BAY

SHOP DATA
千葉県船橋市浜町2-1-1
ららぽーとTOKYO-BAY南館
営業時間　10：00～20：00

＊…**専門店**　ミュゼ・ド・ポウのホームページ「http://www.kamegaya.co.jp/mu_store/」、THE COSMOSららぽーとTOKYO-BAYのページ「http://www.lalaport.net/pc/A1-1?sid=1091」より。

7　アットコスメストアの躍進

化粧品専門店が委縮していく中、アットコスメストアのみが全国展開を拡大し、さらには海外にも店舗を広げています。

アットコスメブランドの化粧品専門店

化粧品のクチコミサイトとして知名度の高いアットコスメが二〇〇七年ルミネエスト新宿店をオープンしました。クチコミの高い化粧品のみを取り扱うというコンセプトとアットコスメブランドの知名度の高さで、新宿店は一挙に全国ナンバーワンの売上を誇る化粧品専門店となりました。

その後、北海道から九州まで全国的に店舗数を拡大し、現在は二二店舗にまでなっています。店舗の中には北海道や九州の店舗や大阪戎橋のようにTSUTAYAとタイアップしてフランチャイズ的に運営している店舗も数店あります。

また、富山の店舗のように地元の有力化粧品店を買い取ったケースもあります。富山店ではアットコスメのブランド力で以前の店舗よりも大きく売上が上がったようです。アットコスメブランドの認知が地方でも人気のようです。

化粧品業界ではメーカーがブランド力を持つケースばかりで小売がブランド力を持つようなケースは前述のセフォラくらいしか思いつきません。

さらに海外でも店舗展開を拡大し、香港やタイ、韓国にも店舗を拡大しています。香港の店舗は日本の大型店舗と並ぶほどの売上を持っている店舗もあるようです。

さらに二〇二〇年、原宿にアットコスメTOKYOという日本最大級の店舗もオープンしました。今後もアットコスメストアの躍進には目を離せません。

アットコスメストア　フロアマップ 1F

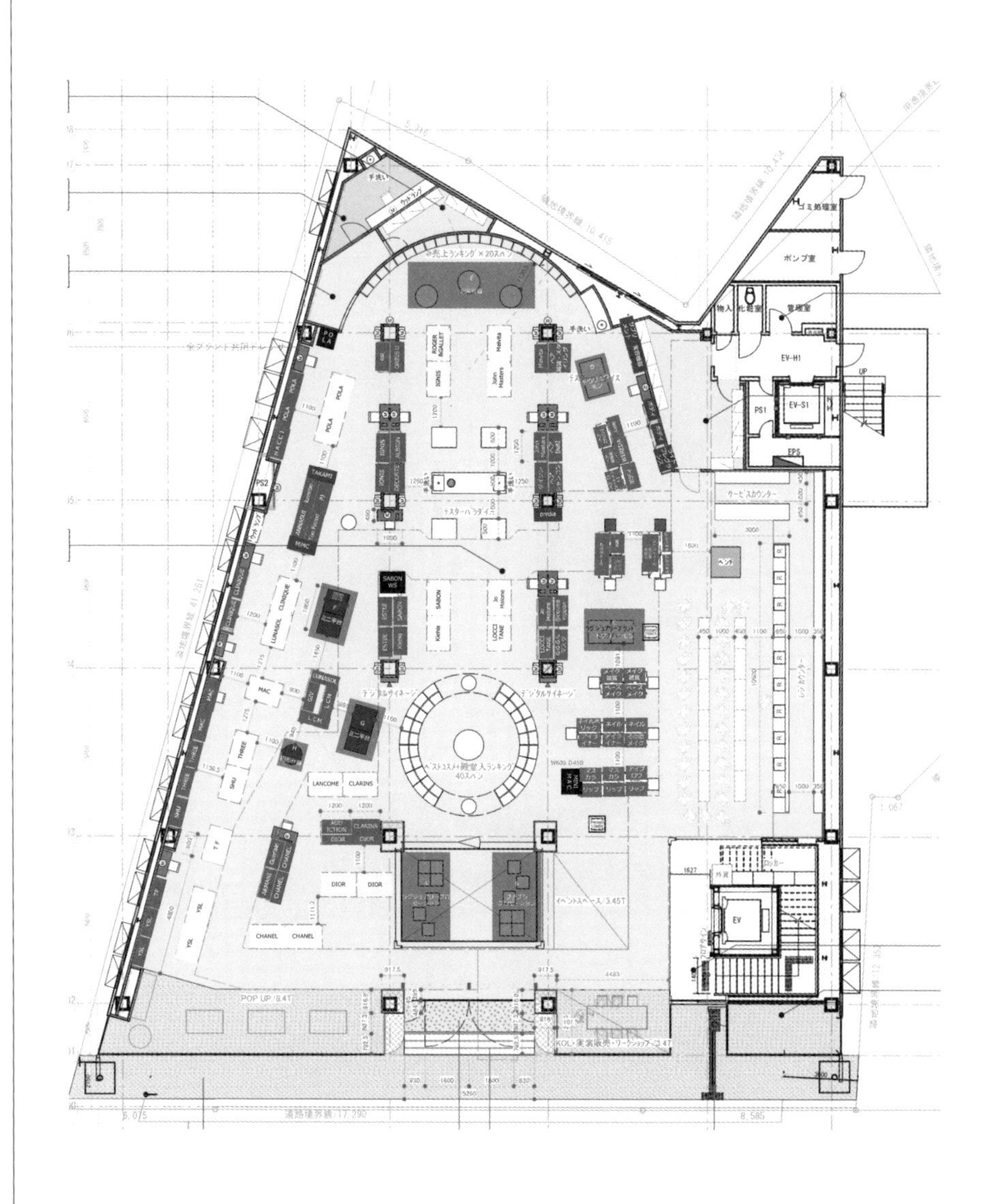

アットコスメストア　フロアマップ 2F

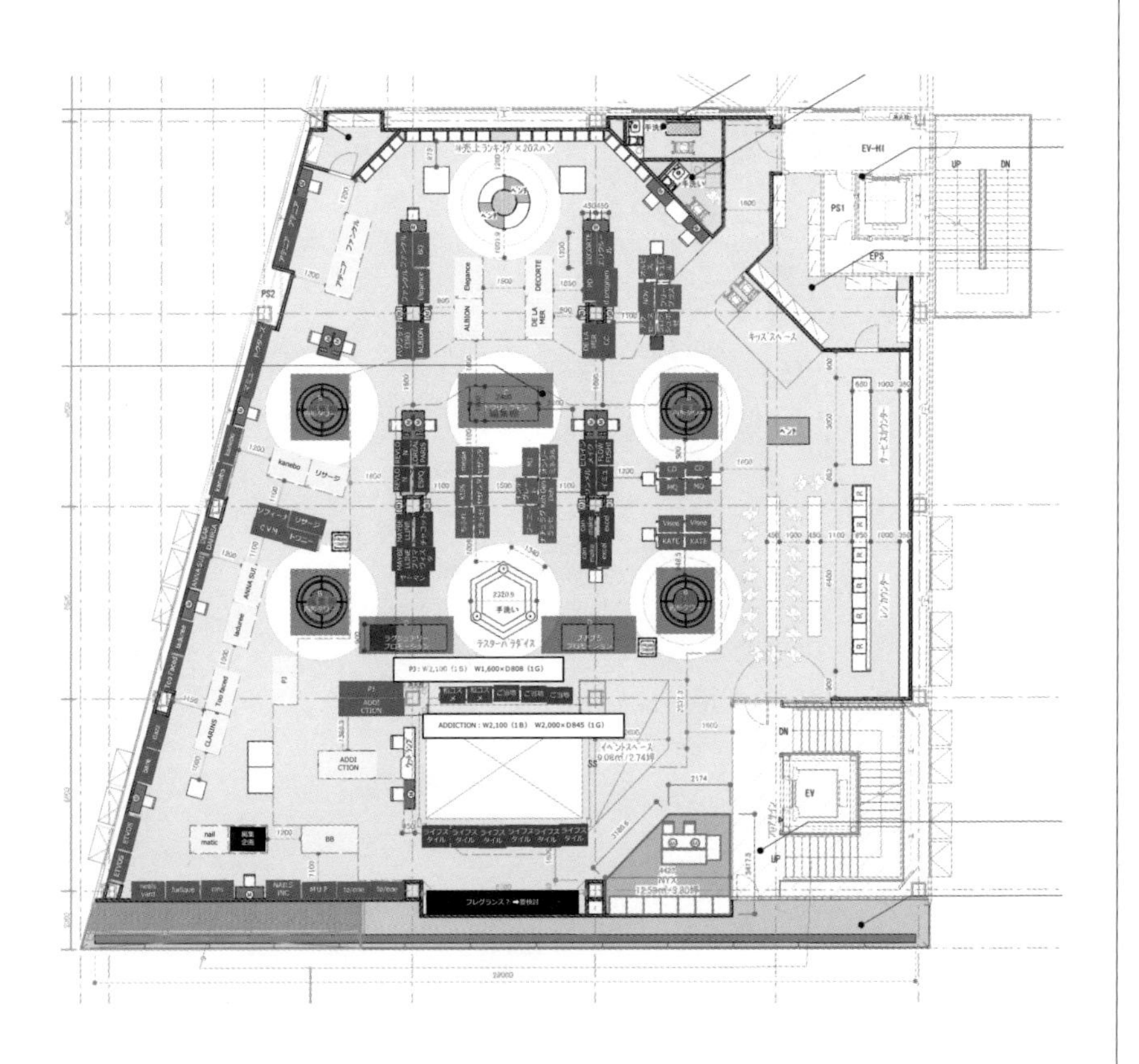

百貨店ブランドの動向とカラクリ

百貨店流通において、クリニークを筆頭に外資系ブランドがブランド戦略を展開し、成功しました。国産化粧品は、これに対抗して百貨店専用ブランド、アウトオブブランドを開発しました。

百貨店における化粧品ビジネス

1

百貨店にとって化粧品ビジネスは相性のいいビジネスです。取引条件はブランド個々との交渉になっています。

百貨店と化粧品会社

化粧品ビジネスにおいて、百貨店は化粧品業界の長い歴史の中で、常に欠くことのできない流通であり続けています。

どの百貨店でも、化粧品コーナーを一階の目立つスペースに大きく取っています。百貨店にとって、化粧品はとても相性のいいビジネスです。

ブランドイメージがいい、価格が安定している、返品可能で委託取引に近い条件で仕入れができる、販売員を派遣してくれる、コーナーごとにブランドが個性を発揮してオペレーションもしてくれる……。消化仕入*、派遣社員を求める百貨店の販売体質にもよくマッチしています。

安定価格で利益率も高く、顧客の固定化も図れるビジネスとして、化粧品ビジネスは百貨店にとって重要な商材となっています。化粧品会社としても、百貨店売場は自社ブランドの顔になっています。百貨店に納入しているということで、ブランドの信用が高まります。化粧品メーカーはブランドイメージを上げるために、百貨店売場や特設コーナーにおいて、自社ブランドのキャンペーンを行います。

百貨店との取引条件

化粧品メーカーと百貨店との取引は、前述の制度品契約のように、一律の条件にはなっていません。

メーカーごと、店舗ごとに条件を変えて交渉*にあたっています。

***消化仕入**　メーカーが売場に在庫を配置してレジを通った時点で納品となる仕入方法。

百貨店としては、まず自社の化粧品コーナーにどんなブランドを置きたいかを設計します。売上が確実に取れる大手ブランド、最近人気の出てきたブランド、そして競合の百貨店では取扱いのないブランドの組み合わせを図ります。

そして、どの場所にどのブランドを配置するかを決めます。百貨店バイヤーにとって、これがブランドとの最も根気のいる交渉になります。

交渉の条件として挙がるのは、コーナーの場所、およびその費用、美容部員の派遣、そして納入掛率です。一般的なブランドで百貨店優位の場合は、百貨店の希望する掛率や美容部員数を、化粧品会社は呑まざるを得ません。逆にブランド側が優位の場合は、掛率も高く交渉でき、美容部員の一部も百貨店側で負担、場合によってはコーナー費を百貨店側が負担することもあるようです。

地方百貨店などで外資系人気ブランドを取り扱う場合は、美容部員は百貨店側で賄うことになるようです。美容部員は同じ制服を着ていても百貨店の社員となります。

百貨店との取引交渉

	ブランド側が取引を強く望む場合	百貨店側が取引を強く望む場合
掛率	普通〜低	高〜普通
BA	ブランド側が派遣	一部ブランド側 BA 主に百貨店社員が販売
コーナー費	ブランド側が負担	百貨店側が負担

＊…に条件を変えて交渉　従来は企業ごとに取引条件を変えていたが、近年は店舗ごとの交渉が多くなっている。

2 ブランドビジネスの幕開け

クリニークが日本に上陸し、百貨店における本格的なブランドビジネスがスタートしました。これは、その後のブランドビジネスの手本となりました。

クリニークの上陸

七〇年代まで化粧品メーカーは、百貨店を専門店やGMSなどと並ぶ売場としてとらえていました。百貨店も資生堂やカネボウなど、他の流通でも取扱うブランドを主力に取り揃えてきました。

この、従来の百貨店ビジネスのやり方に一石を投じ、新しい取り組みをしたのが**クリニーク**です。

クリニークは、環境汚染などに影響を受け、アレルギーやアトピーに悩む女性をターゲットにしたブランドです。当時、すでに海外では人気のあったブランドでしたが、一九七八年に東京に五店舗、関西に六店舗*が、日本に初めて導入されました。

従来は外資系ブランドといえども、有力専門店での取扱いもされていました。国産メーカーにとっては、百貨店も流通チャネルの一つに過ぎなかったのですが、クリニークは初めて、自らのブランドを百貨店に特化したブランドと位置付けました。

メディカルなイメージを前面に出し、全体が真っ白なコーナーとしました。当時は、化粧品コーナーというとシックな木目調が主流でしたから、奇異にも見えるコーナーでした。美容部員の制服が真っ白というのも画期的でした。

売り方もユニークでした。コンピュータを使った肌診断でカウンセリングを行い、まずはサンプルやトライアルキットで試してもらい、その上で販売するというもので、当時としては画期的でした。いまでこそ、機器を使ったカウンセリング販売や、初回は売らないで

***東京に五店舗、関西に六店舗**　三越本店、伊勢丹新宿店、高島屋日本橋店、西武渋谷店、西武池袋店、大丸大阪店、大丸京都店、大丸神戸店、高島屋大阪店、高島屋京都店、近鉄阿倍野店のこと。

帰すことも、珍しくなってきましたが、これらはすべてクリニークが原点*であったといえましょう。

　百貨店との取引方法についても、美容部員を百貨店社員から出させることを、初めて行ったのもクリニークでした。

ブランドビジネスの幕開け

　クリニークはエスティローダーグループのブランドです。従来はメーカーと百貨店との交渉でしたが、クリニークは、初めてブランドで百貨店と交渉したことになります。ブランドアイデンティティを保つには商品だけではなく、売り方、売る場所、売る人のすべてが統合されないと崩れてしまいます。メーカーが流通と交渉するのでは、どうしても他のブランドとのトレードオフになってしまい、いずれかを妥協してしまいがちです。

　このようなブランドビジネスを成功させたのは、クリニークの担当者の努力のみならず、この考えを理解した百貨店担当者の功績ともいえましょう。

クリニークが行った初めての試み

戦略	商品	販売員	売り場	売り方	プロモーション
百貨店専用ブランド	アレルギー対応	白いユニフォーム	白いコーナー	トライアルから接客	雑誌に百貨店名を記載
	簡単ステップ	百貨店社員を美容部員に	別階にもコーナー	カウンセリング機器で接客	
			サテライト店舗*	美容部員をカウンセリングで評価	

＊クリニークが原点　美容部員の評価は、通常、売上で評価されるが、カウンセリング数や顧客のリピート率などで評価を行った。

＊サテライト店舗　百貨店は通常、本店の衛星都市に外商ショップを持つが、その外商ショップにコーナーを出店すること。

3 海外輸入ブランドの隆盛

一九八〇年代にクリニークが成功し、九〇年代は数々の外資系ブランドが人気を博し、バブル期は一大海外ブランドブームとなりました。

クリニークの全盛

一九八〇年代はクリニークの全盛時代となりました。クリニークは若い女性の間で最も人気のあるブランドとなり、連日大勢がクリニークコーナーに訪れました。クリニークは一店舗あたりの自社ブランドの価値を上げる戦略をとり、無闇に店舗数を拡大しませんでした。店舗数を限定している上に人気が高まってきたので、クリニークの売上はどの百貨店でも第一位となりました。その売上規模に応じて売場面積も大きく獲得していきました。

このクリニークの成功に触発されて、外資系ブランドは百貨店に特化した流通戦略にシフトし、個々にブランドビジネスを展開し始めました。クリニークが始めたブランドビジネスの手法は、もともと欧米では通常のやり方ですので、外資系ブランドが、ブランドビジネスでクリニークに追随するのは造作のないことでした。

外資系ブランドの隆盛

シャネルやクリスチャン・ディオールは、オートクチュール系の老舗ブランドとしてお得意のブランド戦略を強化していきました。エスティローダーはクリニークの母体企業でしたから、クリニークと共に伸びていきました。フランスからスキンケアの大手クラランスが上陸し、ボディ市場を開拓して人気を博しました。

クリニークの「シティブロック＊」、クリスチャン・ディオールの「カプチュール＊」、エスティローダーの「ナイ

＊シティブロック　紫外線防止化粧下地の商品名。
＊カプチュール　美容液の商品名。
＊ナイトリペア　美容液の商品名。

トリペア*」などの定番人気商品が生まれ、これらのブランドは百貨店で大人気となり、一時期、4C1E（クリニーク、シャネル、クリスチャン・ディオール、クランス、エスティローダー）と称されることもありました。

特に九〇年代のバブル期は、世を挙げてのブランドブームとなり、海外輸入ブランドは人気を博していました。当時は欧米との貿易黒字が経済問題となっている時代でしたので、時の中曽根首相は国民に海外製品を買うようすすめたほどでした。そして、外資系化粧品はその追い風を受けて、凄まじい勢いで伸張しました。

ランコムは「小和田雅子様が使用している」という口コミが広がり大人気となりました。クリスチャン・ディオールのボディ化粧品「スベルト」は、「ぬるだけで痩せる」という商品で爆発的にヒットし、ディオールコーナーは連日長蛇の列、何週間も予約待ちという状況でした。このように、外資系化粧品はなくてはならない商材として、日本の百貨店に根付いていきました。

百貨店流通における売上推移*

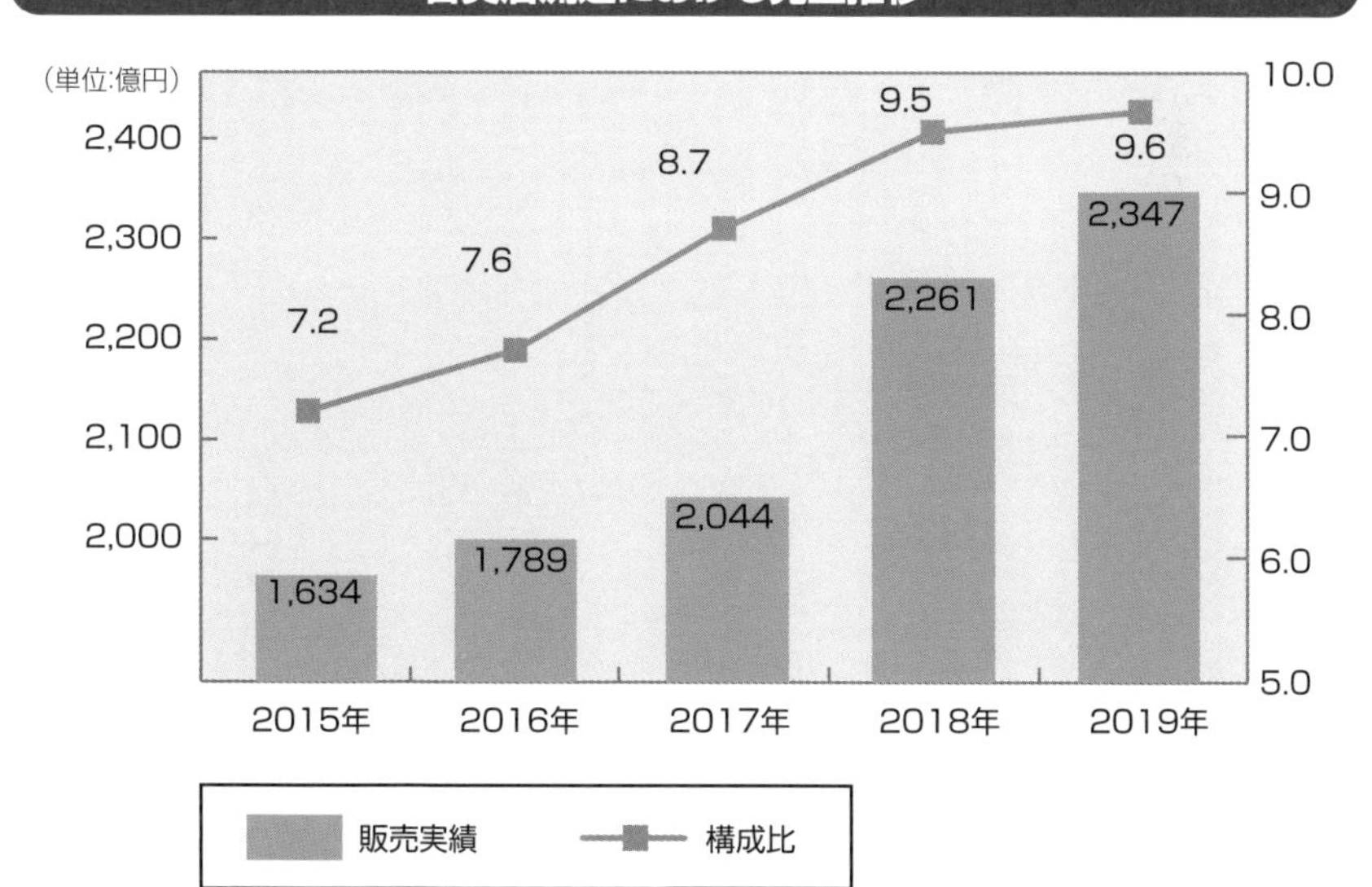

***売上推移**　2015年の売上増は、中国人観光客の購入による影響と思われる。

4 外資系企業グループ

外資系ブランドは、大きくはロレアルグループ、エスティローダーグループ、ＬＶＭＨグループの三つの企業グループに分かれます。

外資系三大グループ

百貨店売場に行くと、様々なブランドのコーナーが見られます。それぞれがブランド戦略をとって、個性ある演出をしているので、それぞれが別会社に見えますが、実はこれらはいくつかの企業グループに属しています。特に大きくは三つのグループに分けられます。

まず、ロレアルグループです。**ロレアル***はフランスに本社を置き、一四〇ヶ国に展開する世界最大の化粧品会社です。百貨店用の**プレステージブランド***としては、ランコム、ヘレナ・ルビンスタインを持っています。中でもランコムはシャネル、クリスチャン・ディオールに匹敵する大きな売上を誇っています。

近年、日本のメイクアップブランドのシュウウエムラを傘下に収め、他グループのメイクアップブランドに対応しています。二〇〇九年にはイヴ・サンローランを買収し、傘下に加えました。

また、中価格帯のマスブランドとして、ロレアルパリを専門店に配置しています。その他、本業のサロン用ヘア商品、セルフ化粧品のメイベリンなどを日本で展開しています。

次に、エスティローダーグループです。**エスティローダー**は先のクリニークをはじめ、多くのブランドを持っています。ブランドごとに個性を発揮して、差別化を図る展開に最も長けているグループです。

エスティローダー、クリニーク以外には、メイクアップアーチストブランドのボビィブラウン、ＭＡＣ、高級クリームのドゥラメール、男性化粧品のアラミス、業務

***ロレアル**　1962年、コーセー、仏ロレアルが提携。1996年、仏ロレアルとコーセーが合弁で**日本ロレアル**を設立。

***プレステージブランド**　高付加価値のある高級ブランドの総称。

用として展開するアヴェダなどを持っています。

次にLVMHグループ*です。LVMHは、ルイヴィトンやクリスチャン・ディオールなどのファッションブランドを展開する世界の巨大グループです。ファッション系のブランドを次々に自分たちのグループの傘下に収めています。化粧品では、クリスチャン・ディオール、ゲラン、ジバンシィ、KENZOなどを展開しています。

LVMHグループは、免税店を支配するデューティフリーショッパーズや小売店舗のセフォラなど、卸売、小売の垂直統合も行っている優れた戦略を持った企業です。

この三つのグループに属さないのが、シャネルなどのオートクチュール系のブランドや、クラランス、シスレー、ラ・プレーリーなどの化粧品系のブランドです。オートクチュール系ブランドは、フレグランスやメイクアップに強く、化粧品系のブランドはスキンケアに強みを発揮しています。

主な外資系ブランド

ロレアルグループ

ランコム	ロレアルパリ	イヴ・サンローラン
ヘレナルビンスタイン	シュウウエムラ	アルマーニ

エスティローダーグループ

エスティローダー	M・A・C	クリニーク
ボビィブラウン	ドゥラメール	トムフォード
アラミス	ラボ	アヴェダ

LVMHグループ

クリスチャン・ディオール	ジバンシィ	ゲラン
KENZO	ベネフィット	メイクアップフォーエバー

シャネル　クラランス

シスレー　ラ・プレーリー

*LVMHグループ　クリスチャン・ディオールの親会社。モエヘネシー社とルイヴィトン社が1987年に合併し、ルイヴィトンモエヘネシー社となった。

5 アーチストブランドの登場

九〇年代、米国でメイクアップアーチストの開発したアーチストブランドの一大ブームが起こり、日本でもブームとなりました。

九〇年代のアーチストブランドブーム

映画や舞台、ショーなどの舞台裏で活躍するメイクアップアーチスト。本来、黒子の存在であるメイクアップアーチストが、スーパーモデルのお抱えになっていることが話題になったりして、一般でもよく知られるようになって来ました。日本でも藤原美智子氏や嶋田ちあき氏など、超人気のメイクアップアーチストが知られています。

このようなメイクアップアーチストが開発した化粧品が、九〇年代に米国などで人気となりました。

まず、先駆けとなったのは、フランク・トスカンが開発した「M・A・C」でした。当初、アーチストのために本人がキッチンにてミルクパンで作った口紅などが人気となり、製品になったといわれています。

その後、相次いで、ボビィ・ブラウンの「ボビィブラウン」、キャロル・ショーの「ロラック」、ヴィンセント・ロンゴの「ヴィンセントロンゴ」、ジャニーヌ・ロベルの「スティラ」、フランソワ・ナーズの「ナーズ」、「ローラメルシェ」、その他、「ハードキャンディ」「ベネフィット」などが発売されました。

日本でも百貨店や**セフォラ***、**バラエティストア***などで、これらのブランドは展開され、一大メイクアップアーチストブランドブームとなりました。

その後、M・A・C、ボビィブラウンはエスティローダーに、ナーズは資生堂に、ハードキャンディ、ベネフィットはLVMHに買収されました。

用語解説
＊セフォラ 4-6節参照。
＊バラエティストア 3-6節参照。

国産アーチストブランド

　このブーム以前から、日本でもメイクアップアーチストブランドは育っていました。

　植村秀氏が開発した「シュウウエムラ」、当初、渡辺サブロオ氏が開発したピアスの「ケサランパサラン」などがありました。

　その後「シュウウエムラ」は、メイクアップアーチストブランドを次々に買収するエスティローダーに対抗するロレアルの傘下に収められました。

　九〇年代のアーチストブランド以降は、カネボウの子会社エキップがＲＵＭＩＫＯと「ＲＭＫ　ＲＵＭＩＫＯ*」を開発し、さらに渡辺サブロオ氏が、今度はソニーＣＰラボラトリーと「ワトゥサ」を開発しました。

　二〇〇〇年代以降は、このアーチストブランドブームも一段落し、アーチストブランドなら何でも売れるという時代は終わりました。しかし、ＲＭＫ、Ｍ・Ａ・Ｃ、ボビィブラウンなど、力のあるブランドはいまも人気ブランドとして残りました。

メイクアップアーチストブランド

ブランド名	アーチスト
M・A・C	フランク・トスカン
ボビィブラウン	ボビィ・ブラウン
スティラ	ジャニーヌ・ロベル
ナーズ	フランソワ・ナーズ
LORAC	キャロル・ショー
ヴィンセントロンゴ	ヴィンセント・ロンゴ
ローラメルシェ	ローラメルシェ
RMK	RUMIKO

＊**RMK RUMIKO**　その後RMKとブランド名変更。現在、RUMIKO氏との契約は解消。

6 国産化粧品メーカーの百貨店対策

国産化粧品メーカーは外資系化粧品メーカーの激しい攻撃に対処するため、百貨店専用ブランドを開発し、百貨店売場での生き残りに賭けました。

国産化粧品メーカーの政策の変化

百貨店流通は、国産大手化粧品メーカー、つまり制度品化粧品メーカーにとっては専門店やGMSと並ぶ流通に過ぎませんでした。売上規模からいえば、それらに比べると小さなものでしたが、小売業の中では最もプレステージの高い売場として大切にしてきました。シーズンキャンペーンを行う際には、宣伝効果を期待して、最初に百貨店で華やかにスタート*するなど百貨店売場自体の売上もさることながら、地域全体での売上拡大に寄与するアドバルーン効果を期待してきました。

七〇年代は、国産大手化粧品メーカーの売上順位そのままが、百貨店で扱われるブランドの順位でした。しかし、クリニークなど、外資系ブランドが百貨店に特化した戦略をとるようになると、国産化粧品の百貨店におけるシェアは徐々に低下してきました。

特に制度品ブランドの場合、ダイエー、イトーヨーカドー、西友などのGMSへの出店が急増し、そのすべてに制度品化粧品ブランドが展開されるようになると、百貨店での愛用者は、買いやすいGMSなどに取られるようになり、国産化粧品メーカーのシェアはますます低下しました。そして、百貨店バイヤーなどから、「専門店とGMSで取り扱っている商品と同じものを百貨店で扱うのはいかがなものか?」という疑問をもたれるようになってきました。

用語解説

*華やかにスタート　70年代シーズンキャンペーン華やかなりし頃には、百貨店で最初に全国キャンペーンがスタートした。

2019年全国百貨店店舗別売上高ランキング

順位	店舗名	売上高（億円）	対前年比（%）
1位	伊勢丹新宿本店	2,888	+5.4
2位	阪急うめだ本店	2,507	+4.3
3位	西武池袋本店	1,840	-0.6
4位	JR名古屋高島屋	1,627	+4.5
5位	高島屋大阪店	1,472	+4.1
6位	三越日本橋本店	1,447	-6.8
7位	高島屋横浜店	1,325	+0.7
8位	高島屋日本橋店	1,293	-3.7
9位	あべのハルカス	1,245	+5.9
10位	松坂屋名古屋店	1,191	+1.3
11位	そごう横浜店	1,105	±0.0
12位	東武池袋本店	1,000	-1.8
13位	東急渋谷本店	916	+0.5
14位	三越銀座店	911	+3.8
15位	小田急新宿本店	904	+2.9
16位	高島屋京都店	903	+2.5
17位	大丸・心斎橋店	877	+4.4
18位	京王新宿店	820	+1.8
19位	大丸東京店	813	+2.8
20位	大丸神戸店	783	-5.0
21位	松屋銀座店本店	782	+4.9
22位	岩田屋本店	771	+1.3
23位	そごう千葉店	755	+1.5
24位	高島屋新宿店	748	+2.0
25位	名古屋栄三越	727	+2.3
26位	大丸京都店	687	±0.0
27位	JR京都伊勢丹	678	-4.7
28位	大丸札幌店	669	+2.7
29位	大丸大阪・梅田店	660	+1.5
30位	トキハ本店	593	-0.7
31位	井筒屋本店	578	-0.7
32位	鶴屋百貨店	561	-2.7
33位	大丸博多天神店	548	±0.0
34位	博多阪急	516	+8.9
35位	阪神梅田本店	513	-7.5
36位	京阪守口店	508	+3.5
37位	福屋八丁堀本店	496	-2.5
38位	藤崎百貨店	447	+0.9
39位	名鉄本店	446	+2.3
40位	天満屋岡山本店	438	-3.8
41位	高島屋玉川店	437	+0.2
42位	西武渋谷店	435	-0.3
43位	山形屋	434	-0.7
44位	伊勢丹浦和店	405	+0.3
45位	高島屋柏店	399	+4.8
46位	松坂屋上野店	399	+1.5
47位	京急百貨店	398	+0.6
48位	そごう広島店	396	-3.0
49位	東武船橋店	395	+3.6
50位	北千住マルイ	387	+3.8

7 専用ブランドによる百貨店対策

百貨店流通における存在感を維持するため、国産ブランドは百貨店流通専用のブランドを開発しました。

百貨店ブランドにスイッチしていくことで、顧客の囲い込みを行い、他流通への愛用者の流出を防ぐことを目的としました。

その後、カネボウは「ルナソル」「インプレス」「キッカ*」を、コーセーは「ボーテ・ド・コーセー」を、花王ソフィーナは「エスト」を百貨店ブランドとして開発しました。このように、国産化粧品会社は外資系化粧品会社からの激しい攻勢に対応すべく、百貨店専用ブランドで、自社の他流通との差別化を図る提案を百貨店にし、自社コーナーの生き残りを賭けました。

百貨店専用ブランドの登場

百貨店側からGMSをはじめとした他流通との差別性を求められるようになると、資生堂は高級専門店のみで取り扱っていた、クレドポーボーテ、インウイで、コーセーはコスメデコルテなどで百貨店を強化しました。

強い高級専門店用ブランドを持っていなかったカネボウは、一九八八年に「アシュエフ」という百貨店専用ブランドを開発しました。

百貨店専用ブランドは、あくまで専門店やGMSでは取扱わない、百貨店用の独自商品です。

国産化粧品会社は、テレビコマーシャルの行われるマス商品の取扱いは残しながらも、既存の優良顧客は

＊キッカ 2008年、カネボウは60代向けハイファッションのメイクブランド「キッカ」を発売した。2020年に撤退。

百貨店の取扱いブランド

	伊勢丹新宿	阪急梅田	西武池袋	西武渋谷	三越銀座	大丸心斎橋	三越日本橋
アルビオン	●	●	●	●	●	●	●
アディクション	●	●	●	●	●	●	
RMK	●	●	●	●	●	●	
イプサ	●	●	●	●	●	●	
イブサンローラン	●	●	●	●		●	●
SK=2	●	●	●	●	●	●	●
エスティーローダー	●	●	●	●	●	●	●
エスト／花王	●	●	●	●	●	●	●
シャネル	●	●	●	●	●	●	●
ディオール	●	●	●	●	●	●	●
M・A・C	●	●	●	●	●	●	
ボビーブラウン	●	●	●		●	●	●
シスレー	●	●			●	●	●
ローラメルシエ	●	●			●		●
ポール＆ジョー	●	●	●	●	●	●	
NARS	●	●	●	●	●	●	
ジバンシー	●	●	●	●	●	●	●
資生堂	●	●	●	●	●	●	●
シュウウエムラ	●	●	●	●	●	●	
SUQQU	●	●	●		●	●	●
THREE	●	●	●	●	●		●
クリニーク	●	●	●	●	●	●	●
ルナソル／カネボウ	●	●	●		●	●	●
クラランス	●	●	●	●	●	●	●
コスメデコルテ／コーセー	●	●	●	●	●	●	●
クレ・ド・ポー ボーテ	●	●	●	●	●	●	●
ゲラン	●	●	●	●	●	●	●
ラ・プレリー	●				●	●	●
ドゥラメール	●	●	●		●	●	●
ランコム	●	●	●	●	●	●	●
ジル・スチュアート	●	●	●	●	●	●	
トムフォード	●	●	●			●	●
ハッチ		●	●		●		
ヘレナルビンスタイン	●	●	●			●	●
カバーマーク	●		●		●		●
エムアイエムシー							
ファンケル		●	●	●	●	●	
MDNAスキン		●	●		●		
ジョルジオ・アルマーニ	●	●	●		●	●	

【スパン】百貨店の化粧品コーナーは、通常、柱まわりにある。柱まわりのことを「スパン」といい、業界では、このコーナーを何スパン獲得できたかと考える。

8 国産アウトオブブランドの登場

国産化粧品会社は、アウトオブブランドという、母企業の名を冠しないブランドを開発し、百貨店においてブランド戦略を展開しました。

アウトオブブランドとは

外資系ブランドが、百貨店のみに特化しても、十分にブランドビジネスが成り立つということを証明しましたが、国産化粧品会社でも、従来のアドバルーン効果を期待して百貨店と取引するのではなく、外資系化粧品会社のように、百貨店のみでブランドビジネスを展開する方法を目指すようになりました。

従来の「メーカー名＝ブランド名」のブランド戦略においては、いくら百貨店専用ブランドを作っても、百貨店コーナー内に新しいコーナーを持つことはできません。エスティローダーグループなどの外資系化粧品会社のような、まったく差別化されたコンセプトを持ったブランドを作らない限り、新しい売場は獲得できないのです。

そこで、母体となる会社の企業名をいっさい消費者に出さないで展開する、いわゆる**アウトオブブランド**＊の開発に取り組みました。商品の裏面には製造会社の名前が明記されますが、アウトオブブランドでは、資生堂やカネボウなどの母企業名がいっさい出ません。パンフレットなどについても同様です。

アウトオブブランドは、母企業から別会社にしている場合も多く、独立採算で経営されています。人事面でも美容部員や本部スタッフなどを外部から雇い入れたりして、母体の色を出さないようにも努めています。

国産化粧品会社も、エスティローダーに代表されるブランド戦略型ビジネスへの挑戦をスタートさせたのでした。

＊アウトオブブランド　アウトオブブランドは「アウトオブ資生堂」「アウトオブカネボウ」など、「メーカー名＝ブランド名」としないブランドのことをいう。

国産品百貨店化粧品

国産化粧品		アウトオブブランド
資生堂グループ	資生堂 クレドポーボーテ	イプサ ナーズ ベアエッセンシャル ローラメルシエ
花王・カネボウグループ カネボウグループ	インプレス ルナソル インターナショナル	RMK SUQQU
花王・カネボウグループ 花王グループ	ソフィーナ エスト	
コーセー・アルビオングループ コーセーグループ	コーセー ボーテドコーセー	ジルスチュアート アウェイク アディクション
コーセー・アルビオングループ アルビオングループ	アルビオン	アナ スイ ポール&ジョー
ポーラ	ポーラ	スリー ディセンシア

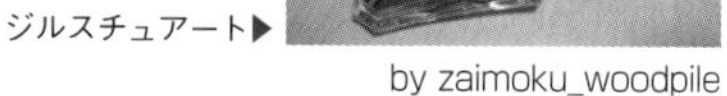
ジルスチュアート▶
by zaimoku_woodpile

ワンポイントコラム

【M&Aでもブランド名は残す】 欧米ではM&Aが盛んなため、大手が小さな会社を吸収しても、その会社名をブランド名として残すことが多い。

9 資生堂、コーセーのアウトオブブランド

資生堂はイプサでいち早くアウトオブブランドを百貨店流通において成功させました。さらにアルビオンもアナスイを成功させました。

資生堂のアウトオブブランド

アウトオブブランドとして最初に成功したのは資生堂のイプサ*です。アウトオブブランドとして成功を収めると、百貨店売場において、資生堂のコーナーとは別のコーナーを獲得できます。百貨店専用ブランドの場合は、既存品からのスイッチが目的ですから、そこがおおいに異なります。

この他にもアユーラ*、スティラ*、ナーズなどをアウトオブブランドとして投入しました。その他にも、ボーテプレステージインターナショナルというフランスの子会社で、イッセーミヤケやゴルチエなどのフレグランスを開発しています。また、ベアエッセンシャルやローラメルシエを企業ごと買収しました。海外企業のように買収売却を行っています。

コーセーグループのアウトオブ戦略

アルビオンのアウトオブブランド戦略も成功しています。中でも最も成功したのはアナスイです。アナスイは独特のテイストで大人気となり、発売時は、最初の取扱店である伊勢丹での月間売上の最高記録を作ったほどでした。

アルビオンは、この他にもポール&ジョーなどのブランドも成功させ、国産化粧品会社では最もブランドビジネスに長けた会社となりました。同じグループのコーセーは、ジルスチュアート、アウェイク、アディクションをアウトオブブランドとして展開しています。

＊イプサ 株式会社イプサは1986年に設立。
＊アユーラ 株式会社アユーララボラトリーズは1994年に設立。2015年アインファーマーズに売却。
＊スティラ エスティーローダーに売却。

百貨店の取扱いブランド

	松坂屋名古屋	高島屋大阪	高島屋名古屋	アベノハルカス	小田急新宿	京王新宿	高島屋横浜
アルビオン	●	●	●	●	●		●
アディクション		●	●	●	●		●
RMK	●	●	●	●	●	●	●
イプサ	●	●	●	●	●	●	●
イブサンローラン	●	●	●	●	●	●	●
SK=2	●	●	●	●	●	●	●
エスティーローダー	●	●	●	●	●	●	●
エスト／花王	●	●	●	●	●	●	●
シャネル	●	●	●	●	●	●	●
ディオール	●	●	●	●	●	●	●
M・A・C	●	●	●	●	●		●
ボビーブラウン	●	●		●		●	●
シスレー	●	●	●	●		●	●
ローラメルシエ	●	●		●	●		
ポール＆ジョー		●	●	●	●		●
NARS		●	●				●
ジバンシー	●	●	●	●	●	●	●
資生堂	●	●	●	●	●	●	●
シュウウエムラ	●	●	●	●	●	●	●
SUQQU	●	●	●	●	●		●
THREE		●	●	●	●		●
クリニーク	●	●	●	●	●	●	●
ルナソル／カネボウ	●	●	●	●	●	●	●
クラランス		●	●	●	●	●	●
コスメデコルテ／コーセー	●	●	●	●	●	●	●
クレ・ド・ポー ボーテ	●	●	●	●	●	●	●
ゲラン	●	●	●	●	●	●	●
ラ・プレリー	●		●	●			
ドゥラメール	●	●	●	●	●	●	●
ランコム	●	●	●	●	●	●	●
ジル・スチュアート	●	●	●	●	●		●
トムフォード	●		●	●	●		●
ハッチ		●	●				
ヘレナルビンスタイン	●	●	●	●	●	●	●
カバーマーク	●	●	●	●	●	●	●
エムアイエムシー	●	●			●		●
ファンケル	●	●	●	●	●	●	●
MDNAスキン	●	●	●				
ジョルジオ・アルマーニ			●				

10

エキップの成功

エキップはRMK、SUQQUなどのブランドを成功させました。アウトオブ子会社の成功の秘訣は、親会社との距離のとり方にもあるようです。

RMK、SUQQUの成功

国産のアウトオブ子会社で最も成功したのはエキップでしょう。

エキップがまず成功させたのは、九七年に発売したRMK　RUMIKO*です。RMKは日本から米国に渡り、米国で日本人メークアップアーチストとして活躍しているRUMIKO*が、エキップと共に開発したブランドです。

他のアーチストブランドと違い、素人でも使いやすいアイテム、日本人に合った色づかいで、たいへん人気のあるブランドに育ちました。後に投入したスキンケアも人気で、単なるアーチストブランドとは違ったトータルな化粧品ブランドとなっています。

〇三年にはSUQQUを発売しました。こちらは映画女優のメイクなどを行ってきたアーチストと共に開発したブランドです。RMKが二〇代の若者をターゲットにしているのに対し、SUQQU*は四〇代の女性をターゲットにしています。顔筋マッサージがたいへんな人気で、発売当時、伊勢丹などでは予約待ちで二～三ヶ月もかかるといわれました。

RMKとSUQQUはターゲットがまったく違っているため、両者の食い合いもまったくなく、両ブランド共に百貨店からたいへん支持されています。後発のSUQQUも、百貨店の化粧品売場で最も獲得したい中高年のユーザーを獲得できるブランドとして、引っ張りだこになりました。

両ブランドの成功の手法は、RMKなら池袋西武、

＊RMK RUMIKO　その後RMKにブランド名を変更。
＊RUMIKO　現在は契約切れ。

SUQQUなら伊勢丹というように、まず最初に一店舗の百貨店で成功させ、売上神話を作り、その勢いで他店舗に随時導入していくというやり方です。

アウトオブとしてのエキップ

エキップ成功の秘訣は、母体のカネボウとの距離の取り方にあります。カネボウグループにあっても本体とは距離を置き、人事面でも幹部以外は、あまりカネボウのプロパーを起用せず、マーケティングなどのスタッフは外部から採用しています。美容部員もカネボウからはあえて採らず、独自の教育で徹底して鍛えていきました。

商品企画、プロモーションについても、カネボウ本体が使っている大手広告代理店は使わず、エキップの社員はあえて、小さなデザイン会社などを細かく使っています。本社の流通戦略や地方の有力専門店からの強い要請も跳ね除けてきました。

このように、親企業とはあえて逆のやり方で徹底したことが、エキップ成功の秘訣でしょう。

＊SUQQU　発売当時は田中宥久子氏がプロデュースしていた。2013年永眠、67歳。

11 コスメの殿堂、伊勢丹

伊勢丹、梅田阪急は百貨店化粧品業界の中心的存在です。これらの店で基準を上回る売上を作ることがブランド成功の鍵といえます。

伊勢丹&梅田阪急

高島屋、三越、西武、そごう*…、など多くの百貨店がありますが、現在、東の伊勢丹新宿、西の梅田阪急は、他の百貨店を凌駕し、自他共に認める百貨店化粧品業界の中心的存在です。プレステージブランドを目指す化粧品ブランドのすべてが、この二店舗への出店を夢見ています。

伊勢丹と梅田阪急は、日本の化粧品売場の売上*のナンバーワン、ナンバーツーの存在ですが、伊勢丹は特に化粧品売場の売上としては、世界一を誇っています。

いずれも他の百貨店に比べ、売場面積が極めて広いというわけではありません。両店で売場を確保するには、店側が望む一坪当たりの売上基準以上の実績を確保できないと、次の売場改装の際には、いまより小さなコーナーか悪い場所に配置換えされたり、場合によっては撤退となったりします。ですから各ブランドも売上作りに必死です。

伊勢丹は独自のオリジナル性を発揮するオンリーi戦略*をとっています。化粧品でも伊勢丹先行発売で話題をとり、その後を他店舗にも広げていく事例(アナスイ、SUQQUなど)もあります。

百貨店ブランドは、この二店における成功、不成功は業界全体に大きな影響をもたらしますので、各ブランドとも会社を上げて力を入れています。

＊西武、そごう　西武、そごうはミレニアムグループとして商品部を統合している。
＊オンリーi戦略　伊勢丹独自のオリジナルMDを展開する戦略。

伊勢丹新宿店の化粧品売場レイアウト

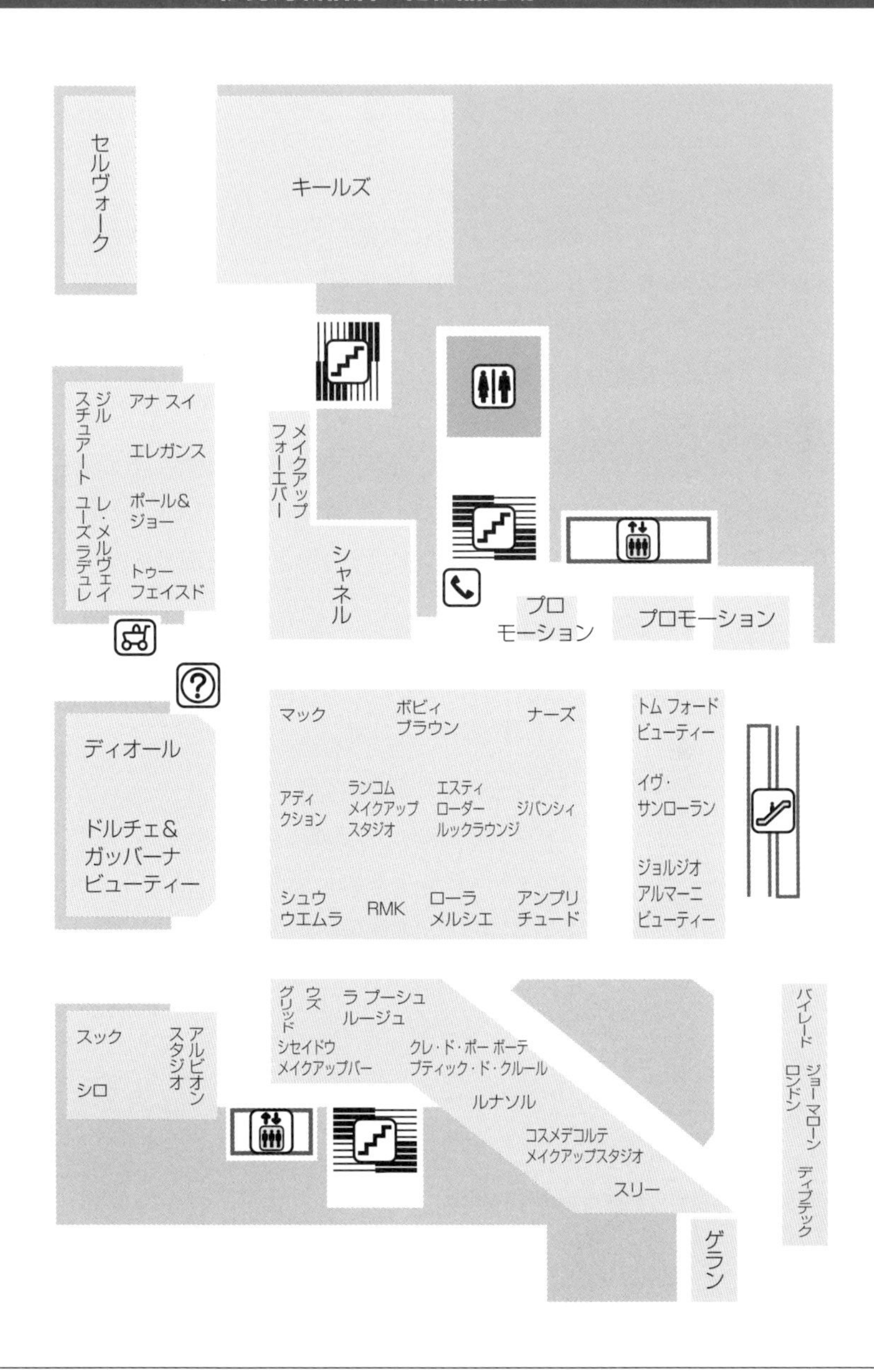

＊…の売上　5-6節参照。

第5章　百貨店ブランドの動向とカラクリ

イセタンミラー

2012年3月、ルミネ新宿ルミネ2に、伊勢丹がプロデュースするコスメのセレクトショップ、イセタンミラーが誕生しました。百貨店でしか買えない国内外ブランドコスメが一同に揃い、自分で好きに試して買うことができます。百貨店と同レベルのカウンセリングのできる販売員を揃えました。コンセプトは「欲しいときに・好きなように・欲しいモノだけ買える ラグジュアリーコスメショップ」。これまでになかった、まったく新しいコスメショップの誕生でした。

以前より、百貨店ブランドをセルフで購入したいという消費者のニーズは確かに高かったようです。しかし、百貨店やメーカーは頑なに拒否してきました。セフォラが日本に上陸した際もほとんどのブランドメーカーはセフォラに商品を出しませんでした。

しかし、時代は大きく変わりました。伊勢丹新宿店が最も影響を受けると思われる新宿ルミネに伊勢丹自身が主導して、セルフセレクションの店舗を出店する時代になったのです。

この新しい業態は顧客ニーズをとらえて成功しています。

2020年現在、イセタンミラーは出店を広げ、17店舗にまで広がっています。イオンや阪急も追随し、イオンはコスメームという業態を全国に11店舗出店し、阪急はフルーツギャザリングという店舗を23店舗にまで広げています。

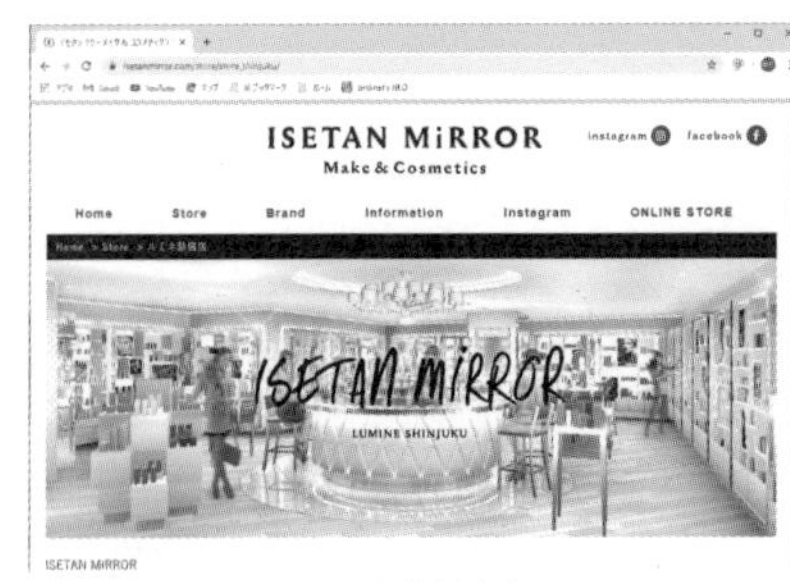

▲イセタンミラーHPルミネ新宿店

▲セフォラ中国　by Michael Saechang

通販化粧品の動向とカラクリ

通販環境が整い、ファンケル、DHCをはじめとする、通販化粧品会社が成熟しました。SPAのビジネスモデル、CPOを駆使した販促手法が、成功の秘訣です。

1

通信販売の特徴

通信販売の売上は著しく伸長しています。通販で売れる化粧品は、なかなか手に入らないもの、通販で買った方が便利なものです。

通信販売発達の時代背景

前章までは、店頭販売の化粧品を中心に見てきました。しかしながら、現在とても勢いのいいのは通信販売の化粧品です。

ファンケルは一部上場企業となりましたし、DHCの売上は、大手制度品化粧品に届こうとするかの勢いです。近年の化粧品業界の動向を知るには、こうした通販化粧品についての深い理解が必要です。

通信販売という販売手法は昔からありました。しかし、現在のように通信販売を一般の人たちも日常的に利用するようになってきたのは、八〇年代後半以降、宅配便が発達し、個人向け配送が容易になってからです。九〇年代になると、セシール*や千趣会*、ニッセン*などの大手総合通販が人気となり、市場を開拓していきました。

通販で売れる化粧品

筆者は九〇年代後半の大手総合通販がまだまだ好調だった頃、当時は業界最大手のセシールに在籍し、通信販売の仕組みを統括する部署や、化粧品カタログの編集などを行っていました。通販で売れる商品は、店頭販売の売れ筋とおおいに異なるため、最初はとまどったものでした。

通販で売れる化粧品は、なかなか手に入らないもの、通販で買った方が便利なものです。なかなか手に入らないものとは、化粧品でいえば、並行輸入のブランド化粧品や産地直取引の化粧品などの商品でしょう。当

用語解説
*セシール　高松市にて1974年創業。
*千趣会　大阪市にて1955年創業。
*ニッセン　京都市にて1970年創業。

時、セシールのカタログで最初に原液化粧品というものを開発し、コラーゲンやヒアルロン酸などの原液自体を販売して大ヒットさせました。その後、このやり方を真似て大きな会社になった通販化粧品会社もあるほどです。こういった商品は、通常、一般の人にはなかなか手に入らないからこそ、売れたのでしょう。

通販で買った方が便利なものというと、大きな収納家具などですが、化粧品の場合は、店頭で買うのが恥ずかしいと思われる商品もこれにあたります。著者は女性用育毛化粧品なども企画し、ヒットさせました。

中には、通販で買う方が便利だという人もいます。例えば、看護士です。夜勤続きで忙しく、なかなか店頭に買いには行けません。こうした人にも通販愛用者がたくさんいます。レモール*という通販会社は、看護士向け専用のカタログを出して売上を伸ばしています。

＊レモール　奈良県御所市にて1991年創業。2013年倒産、ベルーナが買収。
＊売上推移　グラフの構成比は通販売上全体に対する化粧品の構成比。

2 ファンケルの登場

ファンケルの無添加化粧品は通販ならではの化粧品です。肌のトラブルに悩む顧客をターゲットに急成長を遂げました。

無添加化粧品の必然性

通販専用化粧品の成功の先駆けとなるのは、やはりファンケルでしょう。

先に述べたように、通信販売というのはなかなか手に入らないもの、通販で買った方が便利なものを売ることに本質があります。一般の消費者は、通販で買うよりスーパーなど、いつも通う店舗で買った方が便利です。ですから「通販で買わなければいけない理由」が必要なのです。その点、ファンケルの場合、「通販で買わなければいけない理由」が明確にありました。

ファンケルは池森賢二氏が一九八〇年に創業した会社です。当時化粧品による皮膚トラブルが社会問題になっていました。そこで当時、化粧品についてまったくの素人だった池森氏が、香料や防腐剤をいっさい使わない無添加化粧品を考案しました。

通常の化粧品には、長期保管できるように防腐剤が入っています。この防腐剤が原因で肌トラブルになる人もいます。しかし、防腐剤を取り除くと化粧品は腐りますので、長期間の保管はできません。

化粧品はロット生産が原則ですから、製造された商品は自社倉庫に一時保管されたり、店頭販売であれば、店頭在庫として長期間残ることもあります。

そこでファンケルは、香料や防腐剤をいっさい使わない化粧品を、小分けできる**バイアル瓶***に詰めて、使いきりタイプの化粧品としました。さらに製造年月日や開封してからの賞味期限も明記しました。

***バイアル瓶** 薬のアンプル剤などに使用される硬質ガラス製の瓶。

通常の流通では、流通在庫になって長期保管されることもあります。そこで、工場から直接消費者に届けるようにしました。生産した作り立ての化粧品が、ついに、数日後には消費者にまで届けられる仕組みを作ったのです。

ファンケルの成長

このコンセプトが消費者の支持を得て、無添加化粧品のブームを巻き起こしました。創業当初、池森社長自身による団地のチラシ手配りからスタートした会社も、二〇年後の九九年には売上高三八〇億円、東証一部上場を果たすまでになりました。ファンケルはその間、新規事業として健康食品分野にも進出し、健康食品業界のトップブランドになるまでの成功を収めたほか、無添加化粧品とは別のブランド、「アテニア」という子会社でも業績を上げ、ファンケルハウスというショップ展開も行うなど、無添加化粧品以外の分野にも事業展開し成功しました。現在は、通販化粧品というより総合化粧品会社、あるいは美容と健康の総合メーカーとして躍進しています。

【ファンケル創業の日】 ファンケルでは、池森社長が横浜市の竹山団地で800枚のチラシ配りを始めた1980年4月7日を「創業の日」としている。

DHCの躍進

ファンケルと並び急成長したのがDHCです。サンプル配布、口コミ戦略で売上を伸ばし、コンビニ流通などの店頭販売にも進出しました。

DHCの販売戦略

ファンケルのライバルとなるのはDHCです。DHCは大日本翻訳センター*の略で、創業者の吉田嘉明氏が飲み仲間の美輪明弘氏から、「オリーブオイルが肌にとてもいい」という話を聞いて、翻訳会社が、まったくの新規事業として始めた会社です。

ファンケルが店頭公開され、情報開示されているのに対し、DHCは非公開で、株式はほぼ吉田氏が所有して情報開示されていない*、という点で好対照の企業です。

DHCには、オリーブオイルを中心とした化粧品で、オリーブバージンオイル、ディープクレンジングオイルなどのヒット商品があります。その他、原液シリーズや健康食品についても好調に売上が推移しています。DHCの販売戦略は、大量のサンプル配布が中心になっています。街頭配布やコンビニでの配布、大手通販会社の商品への同送、旅行会社とのタイアップなど、サンプルの配布機会があれば、できる限りのことをしました。

また、口コミを利用した販売戦略も行っています。愛用者から上がってきた商品情報を冊子にまとめて、消費者にフィードバックするという方法を採っています。こうした口コミ人気が広まって、女性誌やコスメ誌の口コミランキングの上位に、DHC商品が入るようになりました。そうなるとまた、DHC自身がテレビなどで「口コミ商品人気ナンバーワン」と宣伝しています。

＊大日本翻訳センター　DHCは英語翻訳書籍や英語学習書、DTPなどの出版事業が母体。

総合化粧品会社への挑戦

DHCもまた、ファンケルと同じく総合化粧品会社を目指し、店頭販売にも進出しました。ファンケルがファンケルハウスという直営店で進出したのに対し、DHCはコンビニ流通への取り組みを行いました。最初はセブンイレブンとの提携を行い、セブンイレブン専用商品として発売しました。その後、他のコンビニグループへも商品を流通させ、販路を拡大しています。

GMSやドラックストアにも進出し、化粧品コーナーを持って、自社の美容部員を派遣して販売しています。通販で購入する顧客の中に、店頭でカウンセリングを受けてから買いたいというニーズもあり、出店しているGMSは、どの店舗でも大手制度品会社に引けを取らない売上のようです。直営店の出店も積極的に行い、繁華街の好立地に出店を広げています。

同社は、通販専用会社から総合化粧品会社への脱皮に成功しました。

2019年化粧品通販売上高

	社名	売上高	増減率
1	オルビス	29,963	▲5.0
2	新日本製薬	27,209	11.7
3	ファンケル	27,183	▲0.8
4	再春館製薬所	24,900	▲5.4
5	コーセー	23,309	53.7
6	ドクターシーラボ	21,000	2.0
7	DHC	19,700	5.3
8	プロアクティブ	15,000	–
9	富士フイルムヘルスケア	15,000	–
10	キューサイ	11,361	–

筆者作成

＊…されていない　週刊誌で社長の個人的なスキャンダル記事を書かれて以来、あまりマスコミには登場せず、DHCの内情はあまりよく知られていない。

4 SPAとしての通販化粧品

アパレルで成功しているSPAのように、通販化粧品の成功にも、SPA型のビジネスモデルが成立していることが要因として挙げられます。

SPAとは

アパレル業界ではSPA*と呼ばれる企業形態が成功のビジネスモデルとなっています。SPAとは製造小売業のことで、メーカー（製造会社）が小売までを行うビジネスモデルです。

代表的なのは、海外ではGAPやZARA、日本ではユニクロが成功モデルとして有名です。

アパレルビジネスの難しさは、製造した商品のうち、売れ残った在庫品の処分をどうするかという問題です。作り過ぎた在庫が過剰になると経営を圧迫しますし、在庫処分バーゲンばかり行うとブランドイメージが下がります。

そこでメーカーが、自社の直営店で販売する業態が考案されました。メーカーと小売が直結していれば、中間マージンが発生しませんのでコストも下がります。掴んだ小売データを生産計画に即座に反映できます。自社店舗で、ブランドイメージを下げることなく在庫処分販売ができます。こういったたくさんのメリットを享受できるのが、このSPAの手法です。

通販化粧品もSPA

通販化粧品の成功要因は、通販という手段がブームになっているからとか、無添加化粧品というコンセプトが支持されているから、と思われるかもしれませんが、実は、通販化粧品がSPA型化粧品になっているということに大きな理由があります。

化粧品ビジネスも、アパレルと同じように流通問題

＊SPA　Speciality store retailer of Privatelabel Apparelの略。

と在庫問題がボトルネックです。制度品化粧品では、販売会社やチェーン店に流通在庫が発生しますので、古い商品を引き上げると在庫処分費に多大なコストが発生します。だからといって、これをバーゲンで乗り切ろうとしても、コントロールできずに不可能です。

通販化粧品の場合、在庫は一箇所でしか持つ必要がありません。しかも、注文があってから、通常は一週間前後で顧客のもとに届けられますので、生産リードタイムが一週間以内でできれば、理論上、在庫ゼロで済みます。

売行きの悪い商品であれば、自社の判断で価格を下げても何ら問題ありません。通販では、セットで買うと安くなるとか、期間限定割引セールなどが頻繁に行われます。また、発売を中止したい商品は、品切れとして断ってもいいわけです。通販化粧品では、売上規模が大きくなれば、理論上、在庫処分費はほぼゼロに抑えられます。

自社で製造したものを自社で直接販売するということは、製造面や在庫面でのロスを完全に抑えられるということです。

SPAとしての通販化粧品

●売上情報が間接的にしか取得できない

一般流通
メーカー（在庫）←情報／物流→ 卸売（在庫）←情報／物流→ 小売（在庫）←情報／物流→ 消費者

●流通在庫が増える
●流通マージンが増える

通販流通
メーカー（在庫）⇔ 消費者
売上情報が直接取得できる
流通マージンがかからない

●在庫は一カ所で管理

【SPAと化粧品】 アパレルは流行に極めて左右されやすいので、在庫問題は深刻。化粧品はアパレルよりも流行に左右されないのでSPAには適している。

5 通販のプロモーション

通販では、直接、顧客と結び付いているという利点を活かし、顧客に合った効果的なプロモーションを実施できます。さらにその効果測定も可能です。

効果的なプロモーション

SPAである通販化粧品は、このように、従来の化粧品流通においてボトルネックであった流通マージンや在庫処分費においても、合理化が図れるという優位性があります。さらに通販は**ワンツーワンマーケティング***を可能にし、従来型のプロモーションより効果的、効率的な施策を行うことができるようになりました。

化粧品ビジネスは、本来、顧客の個々の肌の悩みに対応し、各人に合ったカウンセリングができることが理想です。そこで、美容部員などが顧客と直接向き合うという手段を採るなどして、少しでも顧客との接点が持てるように工夫されてきました。

しかし、通販の場合、本社のオペレーターと顧客とが、直接向かい合うわけではないにしても、電話やメールなどを通して応対することができます。顧客の声を社員が直接聞けるということは、メーカーと消費者との信頼関係を築くことができ、今後の商品開発やプロモーション、経営戦略にとっても有益なヒントになります。

また、個々の顧客データを分析すれば、どんな肌のどんな商品が望まれているのか、といったことの予想が付きます。ニキビに悩む人にはニキビに関する情報を、年配の顧客ならシワに効果的な商品情報をというように、顧客のニーズに合った情報を提供することができます。通販であれば、ニーズがあると思われる顧客にだけプロモーションができ、効果のない施策は省

***ワンツーワンマーケティング** 各顧客の個別ニーズにきめ細かく対応するマーケティング手法の一つ。

くことができます。

プロモーションの効率を追求

さらに通販の優れた点は、この効率性を測定できるということです。例えば、ある広告に一〇〇〇万円かけたとします。店頭販売だと、この広告によって新規顧客が何人獲得できたかを測定することは難しく、美容部員を使って、獲得した顧客に何を見て来店したかをアンケートして、それを集計するしかありません。セルフ販売で売っているメーカーの場合はさらに困難です。しかし、通販の場合、申込み方法(書)を少し工夫するだけで、どのプロモーションで獲得できた顧客かを容易に測定できます。

通販では**CPO**＊という数値があります。新規顧客を一名獲得するのにかかったコストです。例えば、広告に一〇〇〇万円かけて一〇〇〇名の顧客が獲得できたとすれば、CPOは一万円ということになります。

通販では、プロモーションを行った際にはCPOを測定し、効果効率のある手法であったかどうかを評価して、今後の施策立案に役立てます。

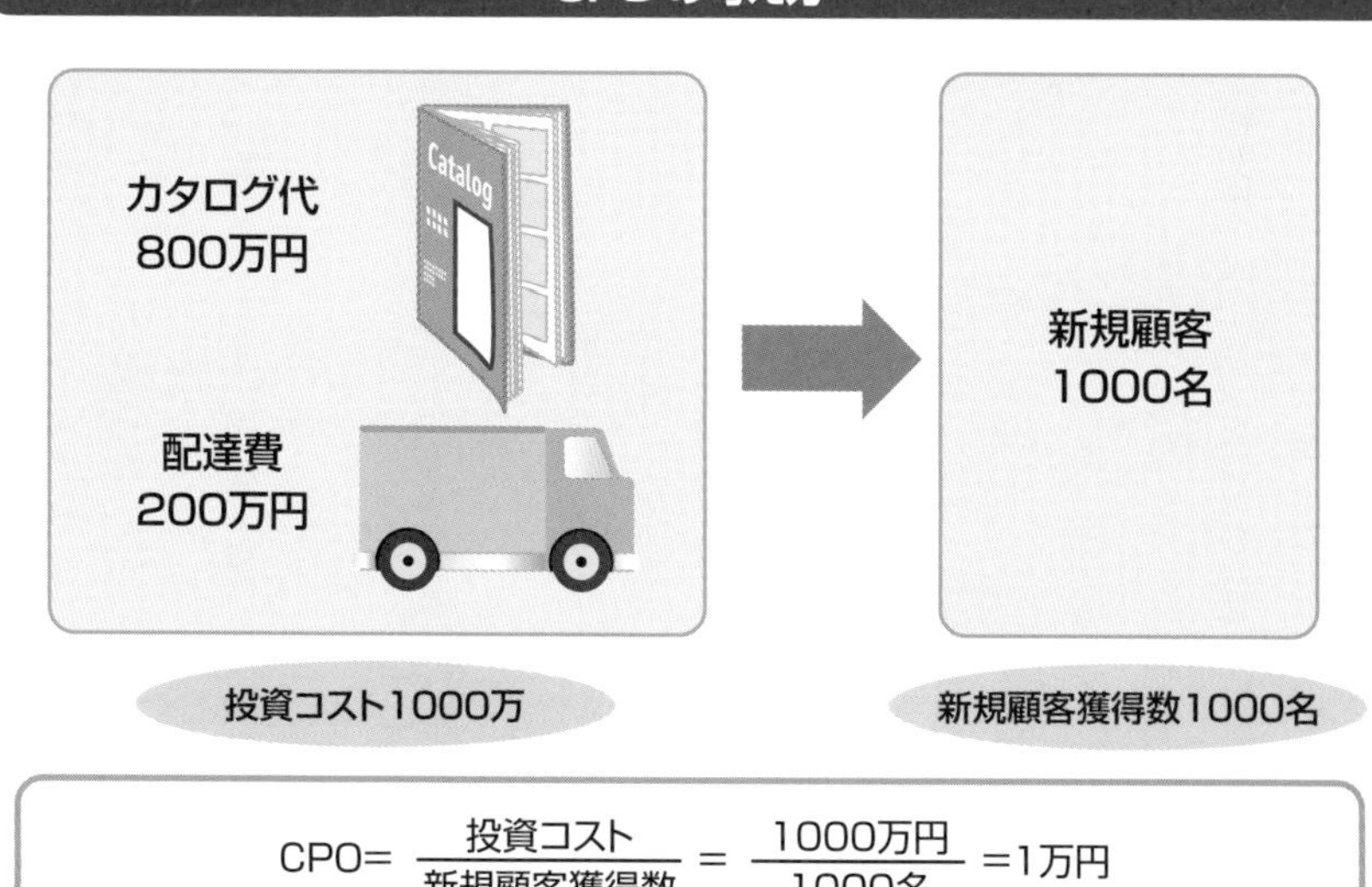

$$CPO = \frac{投資コスト}{新規顧客獲得数} = \frac{1000万円}{1000名} = 1万円$$

＊**CPO**　Cost Per Orderの略。

6 CPOを追求したプロモーション

通販化粧品会社はCPOを使った分析を行い、プロモーションを立案しています。特にサンプル配布では効果効率を求めた手法を追求します。

効果効率の高いサンプル配布方法

通販化粧品が伸びてきた要因は、このCPO*という数値をコンピュータを使って精査し、効果効率の上がるプロモーションを追求してきた点にあります。

見込み客にサンプルを渡し、試用してもらい、気に入ったら購入を促すという手法は、現在、最も効果的であると述べましたが、一方で、これはとてもコストのかかる方法です。サンプル費用が馬鹿にならないからです。化粧品会社としては、最も有効なサンプル配布の方法を採用する必要があります。

DHCは多方面にサンプル配布を行っていますが、そのサンプル配布が有効であったかどうかの結果を数値で分析しています。したがって、効果の薄い配布方法や効果の落ちた配布方法は、次第に採用しなくなります。

ファンケルは、以前は無料サンプルの配布も行っていましたが、現在、中心としているのは、一〇〇〇円程度の手頃なお試しセットの販売です。お試しセットを有償で購入するような顧客は、本品を購入する率が高く、無料サンプル配布より効果効率が高いと判断されたからです。どの商品サンプルの配布が最も効果的かということもデータで分析しています。その使用感を実感できる商品の方がサンプル配布に向いています。

ファンケルの場合は、無添加化粧品が主力ですが、無添加化粧品では肌実感がよくわからないので、無料お試しセットには洗顔パウダーの方を採用しています。

DHCは使用感がよくわかる、主力の*オリーブオイル

＊CPO　Cost Per Orderの略。新規顧客を1名獲得するためのコストをいう。CPA（Cost Per Action）と表現することも多い。

やオイルクレンジングをサンプルの中心にしています。

サンプル配布を行う商品は、少量のサンプルを使って肌実感できること、いい商品でリピート使用が期待できること、という点で選定しています。

CPOの低い効率的プロモーション

さらに、CPOを分析して効果的なプロモーションを追求していますが、どの通販会社も実施しているのは「お友達紹介キャンペーン」です。お友達紹介キャンペーンとは、すでに会員となっている愛用者が友人を紹介し、その友達が商品を購入した場合、その会員と友達の両者にプレゼントや割引優遇などを付与するというものです。このプロモーションは、他の新規獲得施策よりもCPOがたいへん低く、どの通販会社でも実施しています。

この他にも、各通販会社で得意としているプロモーションはありますが、すべてCPOを検証したものです。

無料サンプル試用後の購入実態

購入することが多い　購入することがある　購入しないことが多い　まったく購入しない

メーカーHPで直接請求したサンプル
雑誌･CM･ネットなどを見て店にもらいに行ったサンプル
雑誌･CM･ネットなどを見て請求したサンプル
コンビニや薬局でもらったサンプル
ダイレクトメールなどで送られてきたサンプル
オフィスで配られたサンプル
街頭でもらったサンプル
イベント会場でもらったサンプル

0%　20%　40%　60%　80%　100%

＊**主力の…**　DHCのオリーブオイル（4725円）。薬用ディープクレンジングオイル（2940円）などが主力。

7 容易になった通販化粧品参入

フルフィルメントの利便性が急速に向上し、新しく通販化粧品を始めようとする会社も、容易に参入できるようになりました。

参入が容易な通販化粧品

ファンケルやDHCのような成功事例を知って触発されたということもあるでしょうが、通販化粧品会社が増えてきた一番の理由は、参入障壁が低くなったことにあります。

化粧品ビジネスを始めようとすると、従来であれば、一般品流通から入っていくか、訪問販売から入っていくのが定石でした。しかし、一般品流通では流通統制が困難ですし、訪問販売も組織を作ることが容易ではありません。

通販の場合、ビジネスを始めようと商品を作ったとすると、顧客名簿があればダイレクトメールを送る、名簿がなければチラシなどで告知するということをやれば、すぐにでも始められます。近年は楽天などのインターネットモールでインターネット通販を開業するなど、さらに容易にビジネスを始められます。

このように通販への参入が容易になったのは、通販**フルフィルメント***が非常に容易に、しかも低コストで利用できるようになったからです。

フルフィルメントの利便性の向上

九〇年代までは、顧客を管理するコンピュータを装備するのに、とても高額な設備投資が必要でした。しかし、現在では既存のシステムをカスタマイズすれば、とても低コストで備えられます。

電話受注についても、**テレマーケティング会社***が発達して、自社のオペレーターを持たなくてもアウトソー

*フルフィルメント　商品を受注し、顧客に商品を届けて代金回収する、一連の活動のこと。

*テレマーケティング　会社電話受注などの業務を代行する会社。ベルシステム21などがある。

シングで受注を代行してくれます。最近は苦情処理や商品についての相談も代行してくれる会社がありま す。配送も宅配便の発達で容易になりました。

顧客管理するコンピュータと連動し、出荷伝票さえ吐き出せば、あとはパートタイマーを雇って出荷準備をしてもらえば十分です。

化粧品は価格の割に商品が小さいので、他の通販商材に比べると輸送コストが割安になります。ファンケルの場合は、顧客の指定場所に商品を配達する(置く)というサービスもしています。受領印は取らないようにしているため、予想以上に好評で、ファンケル側にとっても配達効率の向上とコストダウンができる一挙両得な手法です。代金回収は宅配便業者による代引きという方法もありますし、コンビニでも料金支払いができるようになり、さらに消費者も使い勝手が良くなりました。

この代金回収についても信販会社の子会社などが代行してくれます。最近はインターネット上の電子マネーなどの発達で、さらにビジネスを始めやすくなってきました。

通販フルフィルメントのアウトソーシング*

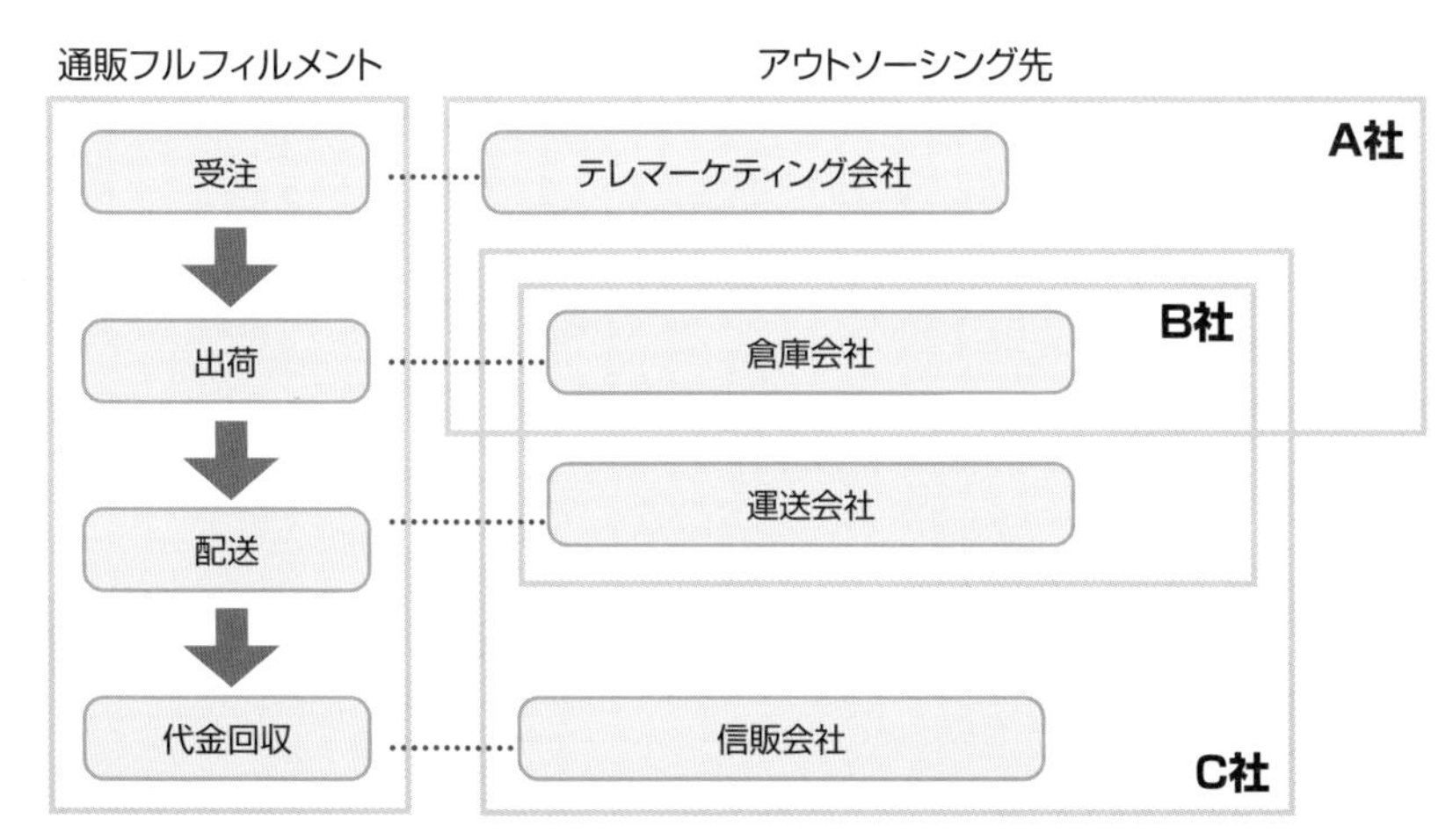

包括して通販フルフィルメントのアウトソーシングを受ける方法が増えている。

＊…のアウトソーシング　図のA社はテレマーケティング会社事業拡大。B社は運送会社の事業拡大。C社は信販会社や通販会社の事業拡大。

8 元気印のテレビ通販

テレビ（TV）通販が元気です。テレビ通販では化粧品もよく紹介されます。テレビ通販特有の訴求方法が駆使され、カリスマ的人気ブランドも登場しました。

好調なテレビ通販

通販業界ではカタログ通販が全盛でしたが、二〇〇〇年代に入ってカタログ総合通販会社に蔭りが見えてきました。代わって勢いのあるのがテレビ通販です。九〇年代後半、ケーブルテレビ、衛星方法など、放送の多チャンネル化が急速に進み、コンテンツ不足の状態になりました。そんな中、通販番組はチャンネルを埋める有効なコンテンツとなりました。一方、ワイドショーの一コーナーであった通販紹介コーナーも人気が出て、地上波でも通販のみを放送する番組が増えてきました。さらにテレビ通販に特化する会社も出現しました。

テレビ通販の最大手となったジャパネットたかたは、自社でスタジオを持ち、番組も自主製作しています。テレビ通販は、昼間に視聴する高齢者や主婦から深夜に視聴する若者まで、幅広い年齢層に支持されています。

テレビ通販における化粧品

化粧品や健康食品もテレビ通販におけるボリューム商材です。テレビ通販専門チャンネルのＱＶＣやショップチャンネルなどにおいても、化粧品がよく登場します。商品の効果効能や商品に含まれる成分の詳細をストーリー仕立てで説明したり、開発秘話や愛用者の使用実感など、視聴者の興味をひく番組ができる点においても、化粧品はテレビ通販に向いています。

テレビ通販の販売方法についても熟練したテクニックが駆使されるようになりました。特に化粧品の場合、薬事法の広告表現の規制があり、薬事法を逸脱した表現はご法度です。ショップチャンネルの場合、生放送が中心ですので、当局の監視は特に厳しいようです。そんな中で、薬事法に抵触しない愛用者の生の声を放送するなど、様々なテクニックを駆使して番組作りをしています。

最もインパクトを与え、売上に貢献するのは有名なゲストの出演です。最近では商品の出来より、インパクトのあるゲストをいかに出演させられるかが重要となっています。

そんな中、テレビ通販から大きく飛躍したブランドがあります。クリスタルジェミー*です。

同社の代表取締役の中島香里氏自身が番組に出演し、カリスマ的な人気を博しました。中島氏が番組出演するようになって、ブランドは急成長しました。

その後もユニークなキャラクターを売りにしたゲストが登場するブランドがたくさん出てきました。

テレビ通販実施企画主要10社のテレビ通販売上高

単位：百万円、増減率：%(▲はマイナス)、占有率：%

順位	社名	テレビ通販売上高実績			決算期
			増減率	占有率	
1	ジュピターショップチャンネル	159,285	▲2.3	100.0	3月
2	QVCジャパン	105,100	▲0.3	100.0	12月
3	サントリーウエルネス	54,500	−	60.0	12月
4	ジャパネットたかた	50,900	−	25.0	12月
5	オークローンマーケティング	22,000	13.0	40.0	3月
5	キューサイ	22,000	−	90.0	12月
7	テレビショッピング研究所	16,000	▲14.5	80.0	3月
8	GSTV	14,845	9.7	100.0	12月
9	ディノス・セシール	14,602	13.0	14.7	3月
10	富山常備薬グループ	13,300	31.8	70.0	6月

＊クリスタルジェミー　株式会社クリスタルジェミー。東京都渋谷区にて1984年設立した通販会社。

9 インターネット通販の動向

カタログ通販に替わり、インターネット通販が主流になってきました。大手化粧品会社も無視できない流通に拡大しました。

オンラインショッピングサイト

インターネットが急速に普及し、生活の中に溶け込むようになってくると電話やハガキに代わり、インターネットによる注文が増えてきました。通販会社側も、インターネット受注の方が圧倒的にコストも安いのでインターネット受注を促進させました。

後発の通販会社はインターネット受注が最初から主流になっており、自社のオンラインショッピングサイトを充実させてきました。

一方、店頭販売のみのブランドでも自社のオンラインショッピングサイトを作るブランドも増えてきました。

メーカーではなく、化粧品を仕入れ販売するオンラインショッピングサイトも増えています。代表的なのは「コスメランド*」や「ケンコーコム」。アットコスメの子会社が運営する「コスメコム」などがあります。

化粧品通販は、インターネット通販の中でも最もボリュームのあるカテゴリーですから、化粧品や美容関連商品に特化したショッピングモールを作ろうという動きも多く出てきました。自社オンラインショッピングサイトとは異なり、化粧品を取り扱うサイトを集めて、いろいろな化粧品を販売していく手法です。

商品在庫は持たず、売れたぶんだけをメーカーに発注し、自社から発送するケース、売れたデータをメーカーに連絡し、メーカーに発送も依頼し、手数料を取るケースがあります。

＊コスメランド　最大手は「コスメランド」で、島根県のイノベートが運営していましたが、2010年に株式会社スクロール(旧ムトウ)が買収しました。

資生堂の新たな動向

資生堂はアウトオブブランドとして「草花木果*」というブランドをキナリという別会社で展開してきました。しかし、資生堂をはじめとする制度品化粧品会社は既存の流通チャネルへの影響を考え、通信販売には傍観してきました。

しかしながら、資生堂はこの立場を方向転換し、ワタシプラスというオンラインショッピングを開始しました。百貨店や専門店ブランドを除き、マキアージュやエリクシールなどの主要ブランドを取扱しています。オンラインショッピングでの限定品、トライアルセット、定期お届けサービスなども行っています。ワタシプラスの二〇一九年の売上は一一〇億円にまで拡大されているようです。

チェーンストアの発言力が強かった時代からは想像できない展開です。

オンランショッピングの形態

形態	ショッピングサイト	化粧品会社
A(自社サイト型)	ショッピングサイト	← 化粧品会社
B(小売型)	ショッピングサイト	← 商品仕入 化粧品会社／化粧品会社／化粧品会社
C(ショッピングモール型)	ショッピングサイト（ショッピングページ／ショッピングページ／ショッピングページ）	← 化粧品会社／化粧品会社／化粧品会社

＊**草花木果**　資生堂は2017年、キナリをスクロールに売却。

美容カリスマの時代

2000年以降、美容カリスマが現れるようになりました。

まずは、佐伯チズ氏。ゲランに長く勤務され、「神の手を持つ」エステティシャンとして高い実績を持っておられました。

この佐伯チズ氏が雑誌や自分の著書で独自の化粧品理論を語るようになってから、化粧品業界は大きな影響を受けるようになりました。

特に「洗顔料は使わないほうがいい」「オイルクレンジングは肌によくない」という発言は、化粧品業界全体の洗顔料やクレンジング料の出荷にまで影響を与えています。

次に田中宥久子氏。彼女は長く映画の現場でヘアメイクをやってきましたが、有名になったのはSUQQUを立ち上げてからです。2006年にSUQQUとの契約を延長せず、フリーとなってから出版した『田中宥久子の造顔マッサージ』などはベストセラーになりました。この本の影響で、いままで売れなかったマッサージクリームの売上が伸びました（残念ながら2013年に亡くなられました）。

最後にIKKO氏。彼女？が自分のテレビ番組でいろいろな化粧品を品評。全盛期には彼女が「○○○かわいい〜〜」といえば、翌日からその売り場には大挙の列ができ、即品切れ。化粧品メーカーは皆、次に彼女が何というか注目しています。特に韓国のBBクリームを紹介したところ日本で一大ブームが巻き起こりました。

▲BBクリーム

by Sodanie Chea

訪問販売化粧品の動向とカラクリ

制度品、一般品と並ぶ、3大流通の訪問販売化粧品も、女性の在宅率の低下で苦戦を強いられています。一方、90年代にはネットワーク販売が急成長しました。

1 訪問販売化粧品の歩み

ポーラ化粧品の創業と共に歩んだ訪問販売化粧品も、化粧品三大流通として大きな勢力となりました。しかし、市場の変化により、九〇年代から苦戦を強いられています。

訪問販売化粧品の創生

世界の訪問販売化粧品の歴史は、一八八七（明治二〇）年のエイボンプロダクツの営業開始からスタートします。日本では一九二九（昭和四）年にポーラ化粧品本舗が創業しました。セールスマンが店舗で顧客を待つのではなく、顧客の家庭に積極的に訪問して販売する手法は、当時、画期的なマーケティング手法でした。

当時の化粧品業界では、ポーラの訪問販売手法は資生堂の開発した制度品システムに匹敵するユニークな販売システムで、その後もポーラは、訪問販売化粧品のリーディングカンパニーとしての地位を確保してきました。

昭和三〇年代になると、再販制度の制定、制度品化粧品の躍進により苦しくなった一般品化粧品の一部が、訪問販売に参入するようになりました。ダリヤが日本メナード化粧品を起こし、ナリス化粧品も訪問販売事業を開始しました。クラブコスメティックもフルベール化粧品を設立しました。

また異業種からの参入も増えました。コダックフィルムの総代理店であった長瀬産業、真珠の御木本が開発した御木本化粧品、学習研究社、山野愛子のヤマノビューティメイト化粧品などです。さらに訪問販売の異業種であった、ダスキン、ヤクルトなども化粧品販売に乗り出しました。

昭和五〇年代にはノエビア化粧品の一大ブームの時代もありました。海外からの新しいマーケティング手法を採り入れ、急成長しました。

＊アムウェイ　American Way Associationから作られた造語で、ネットワーク販売の一手法。1959年の創立以来、会社名、商標として登録されている。

こうして、制度品流通、一般品流通、訪問販売流通の、化粧品三大流通が完成しました。

訪問販売の陰り

昭和五〇年代までは順調に伸びてきた訪問販売化粧品も陰りが見えてきました。この時期になると、女性の社会進出が進み、在宅率が低下して、家庭訪問販売の効果効率性が落ちてきました。これは日本に限ったことではなく、この時期まで化粧品の売上世界ナンバーワンを誇っていたエイボンプロダクツが売上首位の座をレブロンに明け渡しました。

九〇年代には**アムウェイ***、**ニュースキン**など、外資系のネットワークビジネスが上陸しました。従来の訪問販売員が販売するのではなく、商品の使用者が販売者になって販売し、またその使用者が販売者となっていく方式*です。九〇年代後半には急激に売上を伸ばし、ニュースキンの日本での躍進にも影響され、米国から幾多のネットワーク化粧品が持ち込まれました。

訪問流通における売上推移

	2015年	2016年	2017年	2018年	2019年
販売実績（億円）	2,803	2,770	2,726	2,671	2,618
構成比（%）	12.4	12.1	11.6	11.2	10.7

＊…方式　しかし、これらはマルチ商法としての疑惑が強く、マルチ被害が社会問題化。そこで訪問販売法は、「特定商取引に関する法律」として取締りが強化され、一時のブームは沈静化した。

2 訪問販売化粧品の問題点

従来の訪問販売は効率の悪いシステムとして現存し、販売員の収益性ダウン、販売員の質の低下、売上高の低下という悪循環に陥っています。

訪問販売低迷の原因

訪問販売化粧品の売上低迷の原因は何といっても女性の在宅率の低下にあります。訪問販売員が担当地域を巡回し、開拓する際、在宅率が低いと効率が悪化します。

訪問販売では一人ひとりの販売員が、営業先を開拓し、顧客に商品を説明して、さらに商品を納入し、代金を回収する、という活動のすべてをこなします。この販売行為をすべて行う訪問販売員の一人当たりの接客数は、店舗の販売員に比較してかなり少なくなっています。在宅率の高い時代であれば、軒並み訪問できましたから効率も悪くなかったでしょうが、現在では相当効率の悪いシステムとなっています。

一人当たりの接客数が低下すると売上を確保し、訪問販売員の人件費を捻出するには、商品単価を上げるしかなくなってきます。しかし、店頭ではセルフ商品など、低価格でも高品質な商品が次々に発売されていますので、価格面でも市場と乖離しがちです。

訪問販売員の質の低下

訪問販売員の立場としても、化粧品販売だけで稼ぐのは難しくなってきました。そこで、訪問販売員は自分の持っている固定の上顧客に対して販売単価を上げようと、化粧品以外の商品、例えば、生命保険、下着、健康食品、美容機器などを併売*するようになります。販売員も自然と売りやすく収益性のいい商品を販売するようになるのです。こうして販売員の質の低下*が

＊…などを併売　ポーラなどでは、下着、健康食品などの事業を自社で行うようになった。

生じるようになりました。

販売員の質の低下を是正するため、メーカーも販売員教育にさらに力を入れ、教育プログラムを整備しました。大手化粧品会社では充実した教育センターを持つ会社もあります。

販売員の意欲の喚起は最も重要です。販売員を組織する販売会社の強化を図ると共に、販売員に対するインセンティブや優秀な販売員の表彰制度などを駆使して、販売員の意欲を喚起します。

優秀な新たな販売員の獲得には各社共苦労しています。少しでも良い条件を提示すべく、育児施設や各種福祉設備の充実を図っています。しかしながら、販売員が販売し、商品を納入し、代金も回収する、さらにリピート購入の際も同じような活動を行うといった従来のビジネスモデルでは、あまりにも効率が良くありません。通販がフルフィルメントを飛躍的に向上させ、改善を重ねているように、訪問販売も抜本的なシステムの見直しが迫られました。

訪問販売化粧品の苦戦の原因

＊…の質の低下　販売員の高年齢化に悩む会社も多くある。

3

訪問販売会社の対策

訪問販売の盟主であるポーラは、エステティックなどで訪販活性化を図っていますが、売上低迷に歯止めをかけるには及ばず、他流通進出で売上を補っています。

ポーラの訪販事業の活性化対策

訪問販売苦戦の抜本的対策として、訪問販売化粧品の盟主であるポーラは訪問販売で培ったカウンセリングをさらに強化する戦略を採っています。

まず、「アペックスアイ」というブランドで、科学的な肌分析を行い、顧客の個々の肌に合った高度なカウンセリングを行っています。ポーラの直営店舗や百貨店のみならず、アペックスアドバイザーが訪問によるカウンセリングも行っています。

「ポーラ・ザ・ビューティ」というエステ併設の集客型店舗を増やしています。二〇二〇年には四七都道府県、六七〇店舗に達したようです。

このように、従来の訪問販売のパターンとは違った多様なサービスを行うことで、訪問販売の活性化を図っています。

訪販化粧品各社の他流通への進出

ポーラはさらに健康食品の訪問販売も手がけ、基幹事業である訪問販売に力を入れています。しかしながら、訪問販売の業績は芳しいものではありません。そこで訪問販売以外の化粧品流通にも取り組みました。セルフ市場を対象にしたポーラデイリーコスメは好調に推移しています。

通信販売のオルビスは順調に売上を伸ばしています。ファンケル、ＤＨＣに肩をならべる通販会社に成長しました。ポーラは二〇〇六年にポーラ・オルビスホールディングと組織再編し、二〇一〇年に東証一部に上場しました。百貨店ブランドとして設立した「スリー」は人気ブランドとなっています。海外展開加速のため「ジュリーク」「H2O PLUS」を買収しました。

さらに中国でのフランチャイズ展開の取り組みも開始しています。

ノエビアはドクターズコスメとして「ノブ*」を展開しています。ノブは、臨床皮膚医学に基づいて開発された低刺激性化粧品で、全国の皮膚科クリニックや薬局などで販売されています。

さらに、セルフ市場向けブランドとして「サナ*」「エクセル」などを展開しています。グループ企業の常磐薬品からは「なめらか本舗」なども発売しています。

ポーラレディのワークスタイル

エステティシャン

営業所で、本格的なエステ機器を使った手入れを行う。

アペックスアドバイザー

「アペックス・アイ」を取扱うための専門的な知識や技術を身に付け、美容のプロとしてアドバイスする。

ホームエステティシャン

自宅でゆったりと楽しむエステとして、利用されるホームエステ。

ビューティカウンセラー

肌のカウンセリングをはじめ、ボディファッション、アパレルなどの総合的なアドバイスをする。

エステンポ

客を自宅に招いて行うホームエステ。

ポーラホームページより引用。

*「ノブ」「サナ」 ノエビア100%子会社であったノブ、サナ、常盤薬品工業は、2004年に常盤薬品工業を存続会社として対等合併した。

4 ネットワーク販売のカラクリ

九〇年代にはネットワーク販売が広がりました。ネットワーク販売は仲間を勧誘していくことで、ボーナスを獲得する仕組みになっています。

ネットワーク販売とは

九〇年代、アムウェイに代表されるネットワーク販売が急激に売上を伸ばしました。中でも化粧品中心のニュースキンは、九三年に日本に上陸し、ピークの九八年には八五一億円もの売上を築きました。

ネットワーク販売は、従来の訪問販売のように、化粧品についての商品知識や美容技術を持った販売員が販売するのではなく、商品を使った消費者が**ディストリビューター**(配布者)と呼ばれる販売者となっていくシステムです。

商品を知り合いなどに販売し、販売した人の中から、自分たちのシステムの仲間に入るように勧誘していくわけです。

ネットワーク販売は米国で生まれたものですが、地縁者とのつながりを米国以上に大事にする日本人には向いたビジネスシステムかもしれません。本国以上に、日本で瞬く間に広がっていきました。

ネットワーク販売の仕組み

ネットワーク販売のシステムを簡単に説明しましょう。ディストリビューターには少額の加盟金を払えばなることができます。ディストリビューターの利益は商品を販売、または自身で消費したぶんから得られる小売利益と、自分が獲得したディストリビューターの実績から得られるインセンティブから成り立っています。この後者のインセンティブがネットワーク販売の味噌です。

＊**プリファードカスタマー**　消費のみを目的としたカスタマー。
＊**ブレークアウェイエグゼクティブ**　エグゼクティブとして自分のグループから離れたカスタマー。

自分が獲得したダウンレベルのディストリビューターが販売、または消費した場合、自分はその販売に関与していなくてもボーナスポイントが入ります。

ですから、自分自身で販売することと同様に、販売力のあるディストリビューターを獲得することが成功の鍵です。ただし、ダウンレベルのディストリビューターへのケアがいい加減であると、彼らは離れていってしまいます。

定められる期間内に基準以上のボーナスポイントが獲得できた場合、エグゼクティブと呼ばれるディストリビューターに昇格申請することができます。

さらに実績を重ねると次の段階に昇格し、ニュースキンの場合だとゴールド、ラピス、ルビー、エメラルド、ダイヤモンド、ブルーダイヤモンドといった具合に昇格していきます。昇格すればボーナスを得られるダウンレベルが広がったり、ボーナスポイント率が上がったりします。つまり、多くのディストリビューターを獲得すればするほど、自分自身が得られるポイントが増えるのです。上位者ともなると、極めて大きな収益が獲得できるようになっています。

ニュースキンのセールスボリュームのカウント

あなたのGSV*

自分のPSV* ＋ ダウンラインのPSV（ディストリビューター、プリファードカスタマー）

=製品を購入していないディストリビューター

=製品を購入したディストリビューター／プリファード カスタマー*

=ブレークアウェイグループ

あなた 100PSV

ライン1 ライン2 ライン

ディストリビューター

ディストリビューター 100PSV

プリファード カスタマー 50PSV

ブレークアウェイ* エグゼクティブ

ディストリビューター

あなたのGSVは点線内のPSVの合計です。 100PSV ＋ 50PSV ＋ 100PSV ＝ 250PSV

ニュースキンHPより引用。

＊GSV　Group Sales Volumeの略。自分のPSVとダウンラインのディストリビューターのPSVを合計したもの。

＊PSV　Personal Sales Volumeの略。ディストリビューターが1ヶ月間に購入した製品の価格をポイントとして換算したもの。

5 ネットワーク販売の問題点

九〇年代後半ネットワーク販売による被害が続出しました。悪質なネットワーク販売を規制するため、「特定商取引に関する法律」が制定されました。

ネットワーク販売の問題点

急成長を遂げたネットワーク販売ですが、このネットワーク販売は、人の金銭欲と名誉欲を煽るシステムですから、様々な問題が発生しました。

ネットワーク販売では化粧品を販売するというより、ディストリビューターを獲得することに躍起になって、化粧品どころではなくなります。

甘い夢を見て、アップレベルに昇格するため、在庫の山を築く、結局、借金だけが残って、いわゆる「ネットワーク貧乏」が大勢出てきました。

システム維持には、良好な人間関係も重要なのですが、人間関係がうまくいかないと、逆にグループ間の誹謗中傷合戦となることもありました。また、学生がシステムに連鎖的に加盟し、社会問題にもなりました。ネットワークがはびこってしまった会社も多かったようです。

九〇年代後半には**ニュースキン**の成功に触発され、米国から様々なネットワークの会社が入って*きました。ネットワーク販売では、新しいネットワークに最初に参加した者ほど有利だといわれています。既存のネットワークにどっぷり漬かった人や、あるいはグループごと、これらの新しいネットワークに参加しようと躍起になる人もいました。中には日本上陸の予定だけで、上陸以前に大きな組織ができてしまったところもありましたが、結局、日本進出が実現されなかったり、米国の親会社が買収されてしまうなどといった、悲惨な状況に陥ることもありました。

*…**が入って**　1999年にルクソール、エンリッチなどが日本で開業した。

「特定商取引に関する法律」の制定

このような状況を受け、経済産業省でも消費者保護の観点から「訪問販売等に関する法律」に代わり、二〇〇一年に「**特定商取引に関する法律**」を制定、こうしたネットワーク販売を規制しました。

従来、加盟者は、取引に関する情報を十分に得た上で契約するものですが、組織側の好ましくない言動によって、やむなく契約を締結することがよく見られました。そこで新しい法律では、契約を締結するために必要な情報を伝えなかったり、強引な方法で契約を結ぶ行為を厳重に取り締まるようになりました。

「特商法」のもとで悪質なネットワーカーが排除され、沈静化されましたが、化粧品や健康食品という商材は、もともとネットワーク販売に向いています。価格も健康機器、美容機器ほど高くなく、常用性も高い商品だからです。

店舗もなく、TV宣伝などもあまりない商品で、一般の方にはなじみのない業界ですが根強い業界です。

ネットワーク化粧品売上高ランキング（2019年）

順位	社名	売上高（百万円）	前年比
1	ノエビア	30,554	3.5
2	日本アムウェイ	25,498	▲2.1
3	アシュラン	21,500	–
4	ベルセレージュ本社	19,950	–
5	ニュースキンジャパン	15,000	–
6	セプテムプロダクツ	7,500	20.0
7	イオン化粧品	7,000	
8	ロイヤル化粧品	6,300	
9	フォーディーズ	6,223	▲2.8
10	アイビー化粧品	5,624	▲15.6
11	ザ マイラ	5,200	
12	TIENS JAPAN	4,800	
13	シナリー	4,500	
14	ピュアクリスタル	4,000	0
15	ペレ・グレイス	3,651	0
16	マナビス化粧品	3,100	▲3.1
17	エックスワン	2,304	▲3.4
18	ジュネスグローバル	2,268	8.0
19	ベガ	2,196	10.0
20	シェラバートン	1.790	0.0

中国人代理購入

数年前、仕事で中国に行った際に、夜ホテルで同行者が体調を崩し、フロントで「近くに薬局がないか」と尋ねると「相当歩かないと薬局はない」といわれました。困っていると「頼めばいい」といってスマホを指差します。「代理購入者に依頼すればいい」というのです。スマホで「薬を買ってきてほしい」と頼むと何と20分で代理購入者が薬を届けてくれたのです。

日本でも最近はウーバーイーツなどが出てきましたが、中国では代理購入が盛んです。スターバックスの前には代理購入の依頼を待って数人の若者がスマホをずっと見つめているほどです。

近年、中国で日本の高級化粧品が人気になりました。クレドポーやポーラやアルビオンなどが大人気です。ポーラでは特にリンクルショットなどが大人気です。

中国でリンクルショットの注文を受けた代理購入者は日本から受注商品を手に入れようとします。リンクルショットは中国未認可成分が入っていて中国では手に入らないのです。すると今度は在日中国人が日本で注文商品を購入し、ＥＭＳなどで送ります。

ポーラでは、一部の代理店が中国からの大型注文を送っていたことが発覚し契約解除になったり、在日中国人が代理購入目的でポーラレディになったりする事例も出てきました。1人当たり購入個数を制限する措置を取って代理購入の規制を行いました。一部の店舗で「中国人お断り」という貼り紙をして問題になったりしました。

2019年には中国ＥＣ法の制定で個人の代理購入が規制されることになり、この騒動もひとまず落ち着いたようです。

今後ポーラは中国本土でフランチャイズ展開を加速していくようですが、皮肉なもので中国でのポーラ人気はこの代理購入者たちが作ったようなものです。

第8章

新たな動向とそのカラクリ

独立店舗型コスメや九州通販コスメの台頭、ドクターズコスメの台頭、韓国コスメの上陸など、大きく市場が変化しています。

1 独立店舗型コスメの台頭

ロクシタンやラッシュなどの海外ブランド、ファンケルやオルビス、DHCなどの通販ブランドが独立店舗での出店を進めています。

ロクシタンの躍進

ロクシタンは南フランスのプロヴァンスの伝統、香り、カラーをモチーフにしたブランドです。新しいアイテムを次々と発売し、自分使用だけではなく、ギフト使用としても大変に人気があり、大きく売上を伸ばしています。

ロクシタンは最近はどのショッピングセンターでも好立地にロクシタンを見かけます。渋谷の交差点にまでロクシタンは出店しています。他にも銀座や横浜など好立地に次々と出店してきています。

また、オリジナルソープを中心にしたラッシュもショッピングセンターや独立店舗に次々に出店して売上を伸ばしています。

通販化粧品の直営店攻勢

また、通販化粧品も独立店舗へ出店攻勢をかけています。通販化粧品の中ではもともとファンケルが先陣を切って、直営店出店を進めてきました。これに追随してオルビスも同じように直営店出店を進めました。

最近はDHCが急激に直営店の出店を進め、ショッピングセンターだけではなく、商店街にまで出店を進めています。中堅の通販会社も直営店を次々とオープンさせています。

独立店舗ビジネス

ショッピングセンターには従来、化粧品専門店が出店していたのですが、化粧品専門店が粗利益三〇～四

○%で、歩率家賃として一五～二○%を支払っていくというのではメーカーからの万全な美容部員派遣がない限り採算が取りにくいです。しかも資生堂など大手ブランドは定価販売が難しく、専門店ブランドではなかなか魅力的な品揃えができません。そのため近年は新しいショッピングセンターに化粧品専門店が出店することが難しくなりました。

しかし、ロクシタンや通販ブランドはメーカー自身の直営ですから粗利率も極めて高く、制限や負担を強いられる百貨店に出店するよりも効率がいいのです。

大手化粧品会社も本当は直営店出店をするといいのですが、既存取引先との関係でなかなか難しい状況です。

ショッピングセンター側でも資生堂などを取り扱う化粧品専門店ですと、自身のショッピングセンターには同コンセプトとなり複数出店は難しいですが、コンセプトの違ったこのようなブランドショップですと複数の化粧品店舗を配置することも可能です。

独立店舗型コスメ

元祖	ハウスオブローゼ*
通販系	ファンケル、オルビス、DHC　など
外資系	ボディショップ、ロクシタン、ラッシュ、キールズ　など
韓国系	MISSHA、エチュード、イニスプリ　など
百貨店系*	RMK、ボビイブラウン、MAC　など

ロクシタン　by David Shankbone ▶

***ハウスオブローゼ**　いくつかのオリジナルブランドを自社で開発・販売する独立店舗型コスメの元祖。

***百貨店系**　中心は百貨店であるが、一部直営店も展開。

2 通販コスメアイランド、九州

再春館製薬、ヴァーナルに始まり、最近は悠香、新日本製薬、ＪＩＭＯＳなど九州に通販化粧品会社が生まれてきています。

元気な九州コスメ

通販化粧品の売上高上位のメーカーには、悠香、新日本製薬、アスカコーポレーション、ＪＩＭＯＳ、ヴァーナルなど、福岡の会社がひしめきあっています。これに熊本の再春館製薬を加えて、たくさんの通販化粧品会社が九州には存在します。

なぜ九州ばかり通販会社が育つのでしょうか？

九州で通販が育つ理由

もともと九州はヴァーナルと再春館製薬の二社が日本の通販化粧品の一期生としてファンケルなどと共に育ちました。

さらに、やずや*やエバーライフ*などの健康食品の通販会社も福岡で育ちました。ＴＶショッピングで成長した会社も多く、長崎のジャパネットたかた*は大きな会社に成長しました。

九州にはこういった通販企業を育てたノウハウや人材が豊富にあります。他社でノウハウを蓄積した代理店があるでしょうし、成功経験を持って他社へ転職する人もいるでしょう。

さらに通販会社の多くは他社の電話受注や配送などの一部フルフィルメントを請け負うこともしています。新しく通販を始めたい会社はノウハウを持ったこれらの会社に一部フルフィルメントをアウトソーシングできるのです。

*株式会社やずや　福岡市南区。健康補助食品の通販。
*株式会社エバーライフ　福岡市中央区。「皇潤」健康食品の販売。

九州の通販化粧品会社の幹部の方にお会いすると、化粧品業界の出身ではなく、化粧品にはあまり詳しくない方がほとんどです。異業種から通販という切り口で入られた方で、化粧品に詳しいというよりも通販マーケティングに長けた方です。

ある九州の大手通販化粧品会社の電話受注センターを視察させていただいたことがあります。通常は通販会社の受注センターというと事務的なものですが、この会社では、電話をかけてこられたお客様にどのようにすれば効果的に関連商品を推奨できるか、チームごとにミーティングして工夫していました。とても活気のある職場でした。

通信販売は東京や大阪などの大都市になくても競争力のある業態です。物流センターの土地代、受注センターの人件費を考えると大都市よりも有利かもしれません。

しかも、九州にはこういった通販ナレッジが豊富にあり、しかも共有され、通販コスメアイランドを形成しているのです。

九州の通販化粧品会社

企業名	ブランド名	所在地	設立
悠香	茶のしずく	福岡県大野城市	2003年
再春館製薬	ドモホルンリンクル	熊本県上益城郡	1932年
新日本製薬	ラフィネ	福岡県中央区	1992年
アスカコーポレーション	アスカ	福岡県博多区	1999年
JIMOS	マキアレイベル	福岡県博多区	1998年
ヴァーナル	ヴァーナル	福岡県博多区	1989年

＊ジャパネットたかた　長崎県佐世保市。家電通販。売上1491億円(2009年)。

3 異業種大手の化粧品参入

ロート製薬や富士フイルムなど異業種大手企業が化粧品に参入し成功を収めています。

従来の異業種企業の化粧品参入

化粧品は利益幅の大きな業界として、他の業界からの大手が参入を試みてきましたが、どの会社も大手を脅かすまでには行きませんでした。

しかし、最近はロート製薬や富士フイルムなどが市場参入し成功を収めるようになりました。

ロート製薬は低価格のスキンケアブランド「肌ラボ」がヒットしています。資生堂やカネボウなどの大手化粧品会社の価格の下をくぐるブランドで、大手にとっては頭痛の種のブランドです。資生堂は「専科」という低価格ブランドを、カネボウはフレッシェルの低価格ラインを発売せざるをえない状況に追い込まれました。

男性化粧品でもマンダムと資生堂の寡占状況の中にオクシィが割って入ってきました。

富士フイルムはフィルム業界の構造的危機の元、背水の陣を敷いて化粧品業界に参入しました。松田聖子と中島みゆきという大物タレントを起用して、最初から莫大なＴＶＣＦを投下して市場を作りました。

異業種参入が成功し始めた背景

従来、なかなか成功しなかった異業種参入が成功し始めた理由は二つあります。

一つは消費者の意識の変化です。一昔前は、消費者は資生堂など大手の化粧品しか信用しないところがありました。いくら大きな会社が作った化粧品といっても化粧品専門の会社のものでなければダメだという意識がありました。

しかし、無名の通販化粧品会社のお試しサンプルなどを消費者が使うようになって「大手じゃなくてもいいものがある」という意識に変わってきました。アットコスメなどで無名の会社の商品が高評価されるようなことも出てきました。

もう一つは通販という強い流通ができたことです。従来であれば、富士フイルムが急にテレビ宣伝をしても売れるものではありません。商品を店頭に配下したり、店頭に買いに来られたお客様に販売員が説明できる体制を作ることは非常に難しいことです。しかし、通販という手段を使えばこれらのことはまったく必要がないわけです。先に売れるという状況を作ってしまってから流通交渉していっても十分なわけです。

このような理由で今日の異業種大手の成功があるわけです。サントリーやアサヒビールも化粧品業界への参入を開始しました。注目されるところです。

異業種大手の成功の背景

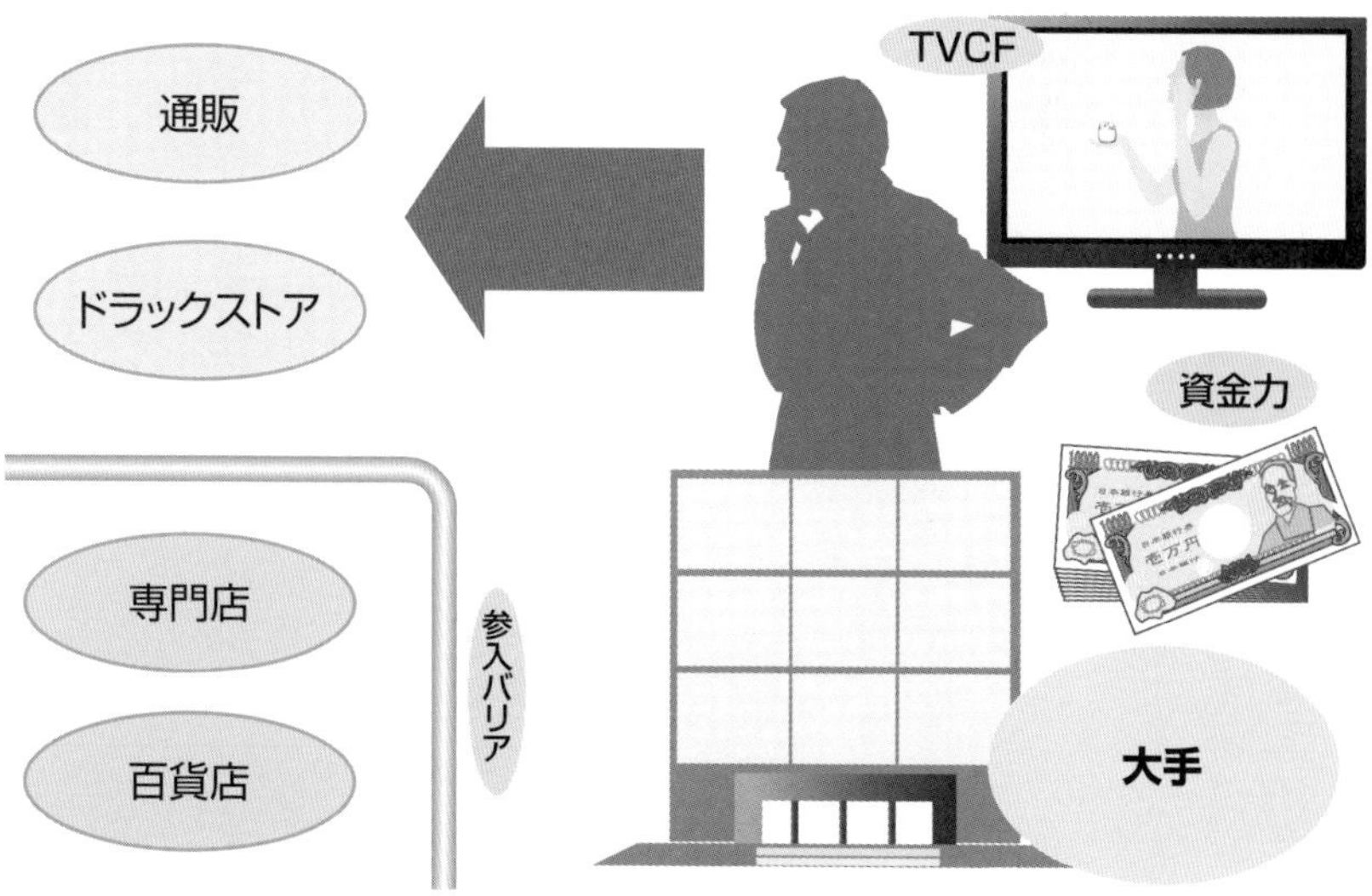

4 ドクターズコスメの登場

皮膚科医が独自に開発した化粧品「ドクターズコスメ」が人気となり、スキンケア市場に新しいジャンルを築きました。

ドクターズコスメ登場の背景

最近は深刻な肌トラブルに悩む若い女性が増え、皮膚科医に通院して治療する人も増えてきました。また、お金をかけてでも、もっと美しい肌を保ちたいと考える多くの女性が形成外科、美容外科に通うようになりました。このようなクリニックでは、レーザー治療などの美容機器で肌治療を行います。

それと同時に、自身で開発した化粧品や、自身が推奨する化粧品、医薬品を使用して治療するクリニックもあります。

医師であれば、薬事法上、まだ許可されていない成分や配合量の化粧品でも、販売することができます。つまり、一般の化粧品にはないシャープな効果を出す化粧品を販売することができるのです。

こういったクリニックの化粧品の効果が口コミで広がり、コスメ誌や女性誌で、ドクターの推奨する化粧品として「ドクターズコスメ」と名付けられ、紹介されるようになりました。

医師のもとでのみ許可される成分にもかかわらず、コスメ誌などはパブリシティとして記事にしたため、一般の化粧品では許されない薬事法の表現範囲を大きく逸脱した表現が誌面を賑わし、ドクターズコスメへの過度な期待を高めていきました。

そして、こうした皮膚科医が独自に開発した化粧品をベースに、一般市場でも販売できる処方基準でブランドが作られ、化粧品業界には「ドクターズコスメ」という新しいジャンルが生まれたのです。

【クリニックのエステ】 厚生労働省は、レーザー脱毛や**ピーリング**（薬品による美白治療の一種）を医師のもとでしか施術できないよう規制したので、クリニックがますます優位となっている。

ドクターズコスメとは

　ドクターズコスメとは、広く定義すると「皮膚科医が開発に関わった商品」となります。皮膚科医自身が開発、監修したブランド、皮膚科医が製薬会社や化粧品会社と共同開発したブランドが本来のものですが、その定義は曖昧なもので、クリニックを中心に流通している市販ブランド、皮膚科医が名前を貸して推奨しているだけのブランドなども、ドクターズコスメといわれます。最近はブランド名に「ドクター」と付けただけのブランド*もあります。

　このように曖昧な定義のまま、市場が膨らみ、医師やクリニックの推奨文だけを付けたブランドが「ドクターズコスメ」と銘打って販売され、専門の医師が真剣に開発した化粧品と混在しているのですから、一般の消費者にはまったく見分けが付きません。実際、玉石混交の状況で、ドクターズコスメ製品の肌トラブルなども多発しているようです。

ドクターズコスメのポジショニング

＊…だけのブランド　現在は商品名に「ドクター」を付けることは禁止されている。

5 急成長するドクターズコスメ

二〇〇〇年に入りドクターシーラボが大成功を収め、このビジネスモデルを追って多くのブランドが市場に登場しました。

ドクターズコスメ黎明期

ドクターズコスメは二〇〇〇年に入り急速に伸びましたが、このように、皮膚科医が開発に携わった化粧品ブランドは以前からありました。

例えば、フランスの「ＲｏＣ＊」や「パイヨ」などもドクターが開発した商品です。米国でも、「コスメシューティカル」と呼ばれるドクター開発のスキンケアが伸びていました。日本では、七〇年に桜井麟氏が肌の刺激をできるだけ少なくする「リンサクライ」を発売していましたし、石井次郎氏が開発した「ＭＤ化粧品」などもありました。ピアスグループ＊の「アクセーヌ」も、皮膚科医との共同開発という点でドクター開発の化粧品といえるでしょう。

ドクターシーラボの登場

しかし、現在のドクターズコスメブームの代表となるのは、やはりドクターシーラボ＊社です。「ドクターシーラボ」は九八年に皮膚科医の城野親徳氏が開発したシリーズです。人気アイテム「アクアコラーゲンゲル」を中心に大きく売上を伸ばしました。「アクアコラーゲンゲル」は、一品で化粧水、乳液、美容液、化粧下地の効果を持つ商品として、人気を博しています。

販売チャネルとしては、当初、プラザなどのバラエティストアや通信販売が中心でしたが、その後、百貨店コーナーにも出店＊。二〇〇五年には東証一部上場、売上一五〇億円にまで急成長し、大成功を納め、二〇一八年には、ジョンソン・エンド・ジョンソンに買収され

＊RoC　ジョンソン・エンド・ジョンソンが所有。
＊ピアスグループ　ピアス株式会社、大阪市にて1947年創業。「カバーマーク」「アクセーヌ」「ケセランパサラン」「イミュ」などのブランドを持つ。
＊ドクターシーラボ　2015年12月、(株)シーズ・ホールディングスに商号変更した。

ました。

その他のドクターズコスメ

アメリカの皮膚科医Dr・オバジ氏が開発した「オバジ」も好調に売上を伸ばしています。「オバジ」はもともとオバジ氏が独自開発した商品を米国で販売しており、日本でもクリニックなどで輸入販売されて、その効果の高さが口コミで広がりました。

そして、ロート製薬がDr・オバジと共同開発し、新たにこのオバジシリーズを焼き直しました。ロート製薬による販売ルートの開拓、販売店の指導、整備が行われ、こちらも急成長しています。

他にも、津田攝子氏が開発した「フィルナチュラント*」、亀山孝一郎氏が開発した「ドクターケイ」、五人の皮膚科医が開発した「ダーマサイエンス」、劉輝美氏が開発した「ネライダ」など、多くのドクターズコスメが誕生しています。さらにフランスの「リーラック」「ドクター・ルノー」などを海外のドクターズコスメも入ってきています。

ドクターズコスメ

ブランド	ドクター
リンサクライ	桜井麟
ドクターケイ	亀山孝一郎
MD化粧品	石井禮次郎
ダーマサイエンス	松峯寿美、辻音作、永岸由紀子 他
アクセーヌ	中山秀夫
ネライダ	劉輝美
フィルナチュラント	津田攝子
オバジ	ジェイン・オバジ
ドクターシーラボ	城野親徳
Roc	ジャンーシャルル・リサラーダ
ヒロデルム	大野弘幸
パイヨ	ナディア・グレゴリア・パイヨ
エンビロン	デスモンド・フェルナンデス

＊…百貨店コーナーにも出店　ドクターシーラボ（Dr.Ci:Labo）の売上構成比は、通販43.8%、卸売30.4%、対面販売25.8%（2008年）となっている。

＊フィルナチュラント　コーセーグループのアウトオブ子会社。

6 韓国コスメの上陸

韓国ではMISSHAというチープコスメが登場して以来、大きく市場が変化しています。日本にも安くユニークな韓国コスメが上陸しました。

MISSHA登場

二〇〇〇年以降、韓国化粧品市場は大きな変化を遂げてきました。

現在、ソウルの若者の街、明洞には低価格でスキンケアやメイクアップが売られる化粧品専門店が数々登場してきています。安かろう、悪かろうの商品と思いきや、通常の化粧品にも劣らない品質、ということで大人気になっています。日本の旅行者も大勢この韓国コスメをお土産に買っていくそうです。

この韓国チープコスメの火付け役になったのが「MISSHA」です。MISSHAの母体となる(株)エイブルコミュニケーションは二〇〇〇年に女性ポータルサイト「Beauty Net」を開設しました。そしてオリジナルブランドMISSHAを二〇〇一年よりオンラインで販売し始めました。

インターネット先進国である韓国で、このかわいくて安く品質のいい商品は、ネット上で大ブレークしました。インターネットではMISSHAのメイクアップを使って自分が変身したところを披露し合うことも流行しました。

二〇〇二年には直営店一号店を開設しました。MISSHAがもともと参考にしたのは日本のユニクロのビジネスモデルです。

製造小売業(SPA)は前章でも説明したとおり、製造者が直接自社小売店で販売することで流通コストを削減し、サプライチェーンを築くというビジネスモデルです。

数店の直営店舗を成功させたあと、フランチャイズ店の展開も始め、瞬く間に韓国全土に広がりました。

BBクリームの登場

韓国コスメに神風にように起きたのが、BBクリームブームです。

BBクリームのBBはBlemish Balmの略です。整形外科で手術後に使われた治療薬を韓国の化粧品会社が化粧品として発売しました。韓国ではたいへんなBBクリームブームが起き、ほとんどの化粧品会社はBBクリームをラインナップしました。

韓国でそろそろブームが下火になったころ、日本でIKKO氏が韓国のBBクリームを紹介し、日本で一大BBクリームブームが起きました。韓国のBBクリームは日本で売れに売れ、苦戦していた韓国化粧品ブランドはこれで一息つけました。

現在は、スキンケア、化粧下地やファンデーションを兼ねたアイテムとして日本の大手会社もBBクリームを発売しています。

また、韓国ではフェイスマスクの使用率が高く、様々な種類のフェイスマスクが販売されています。韓国製の安いフェイスマスクは日本にも大量に輸入され販売されています。

以前は韓国コスメというと、チープな二級品というイメージでしたが、家電製品などと同じく、韓国コスメもだんだん日本市場で受け入れられるようになってきた感があります。特にBBクリームの貢献は大きかったです。

7 化粧品自販機？（プロアクティブ）

ガシーレンカージャパンのニキビケア商品プロアクティブが好調です。米国の販売手法で成功を収めています。

プロアクティブの販売手法

ガシーレンカー社は米国をはじめ世界で一一億ドルの売上を誇る大手企業です。ガシーレンカー社はプロアクティブ以外にも多くのブランドを持っていますが、試行錯誤とマーケティング調査の末、日本ではニキビケア商品のプロアクティブに集中投下しています。

もともとニキビ商品は医薬品との棲み分けが難しく、ニーズが高いにもかかわらず大手化粧品が手をこまねいていた市場です。

このニッチなニキビ市場に人気タレントをイメージキャラクターにしたＴＶＣＦを集中投下しました。若い女性だけではなく、若い男性をもターゲットにしています。

そしてＴＶＣＦでよく謳われているとおり「ニキビ商品売上№・１」を確保しました。米国の会社らしいマーケティングの教科書どおりの手法です。

プロアクティブは通信販売のみで、店頭販売を一切行っていません。効率的な流通のみに絞った戦略なのでしょう。

さらに「六〇日間お試しキャンペーン」と称して、六〇日以内に試用して肌に合わず返品した場合、全額商品代金を返金するという販促策をとっています。肌に合うかどうかわからない商品を使うことが不安な消費者にとってこのキャンペーンはとても有効です。これは化粧品に限らず米国の通販ではよく見られる手法です。このキャンペーンは日本でも最近では多くの通販化粧品会社が行うようになってきました。

化粧品自販機の登場

驚かされたのは、プロアクティブの自動販売機が登場したことです。このプロジェクトを計画されていた関係者の方から事前にこの化粧品自販機のことを聞かされたときはさすがに筆者も驚きました。聞くところによると米国では大型ショッピングセンターには化粧品自販機が置いてあるそうで、十分に採算の合うビジネスになるのだそうです。

確かに人件費はかからないし、ＩＴを駆使すれば商品情報の提供や顧客情報の取得も可能です。プロアクティブのような通販専用商品だからこそできる手法でしょう。

二〇一七年に開業した「ギンザシックス」ではシャネルが口紅自動販売機を世界初登場させたことも話題になり、今後は日本でも広がるのか注目されます。

このような米国での成功手法を用いてガシーレンカージャパンは日本での化粧品会社の売上上位にまで上がってきています。

プロアクティブ　化粧品自動販売機

by MIKI Yoshihito

by Wiki591801

8 メンズスキンケア市場への挑戦（バルクオム）

極めて参入の難しい男性化粧品市場に独立系の会社が挑戦して成果を上げています。

難しい男性化粧品市場

男性化粧品市場は大変難しい市場です。ブランドでは資生堂のウーノ、マンダムのギャツビーで独占されているといっていい状況です。また流通ではドラックストアが八〇％を占めているため、マスブランドになるには大量生産して一般品価格にする必要があります。

またプロモーション面からいうと、特に若い男性に情報を届ける媒体がそもそも少ないのです。女性雑誌に比べて男性雑誌は極めて少なく、宣伝媒体*としてはTVスポットにならざるを得ないのです。大量広告に打って出て失敗するブランドも多く見てきました。

男性はなかなかブランドをスイッチしないのです。男性の読者であれば自分の消費行動を振り返ってみてください。ずっと同じ商品を購入されていませんか？

バルクオムの挑戦

この極めて難しい市場に、しかもさらに難しいメンズスキンケアから挑戦したのがバルクオムです。バルクオムは二〇一三年に野口卓也氏が二四歳で立ち上げたブランドです。野口氏にお聞きすると様々なジャンルのビジネス案からこの事業を選択されたそうです。

最初、洗顔、化粧水、乳液の三品で発売し、流通は当初からEC（eコマース）のみで販売していきました。販売方法は**サブスクリプション***方式を採用。最初に無償サンプルを送って、良ければそのまま定期購入してもらう方式です。定期購入からの離脱率は月一〇％程度とリピート率は極めて高くなっています。

男性はなかなか初回購入はしないが、一度購入するとそのまま購入し続ける特性にマッチしています。リ

＊宣伝媒体　男性向け宣伝媒体が少ないことに目を付け、リクルートが2004年から2015年まで、広告獲得を狙った『R25』というフリーペーパーを発行した。

スクの高い男性化粧品市場には堅実な方式といえるでしょう。

ＥＣでの実績を評価され、その後ロフトやハンズからの取引の要請もあり流通が広がりましたが、あくまでＥＣ中心です。男性市場へのプロモーションとしてはＳＥＯ対策やネット広告が向いているのです。また、メンズエステを設立した際には、クラウドファンディングを活用して三〇〇〇万円を集めたそうです。こうした新しいビジネススキルも活用しています。このように実績が伸び、中価格帯メンズスキンケアでは通販部門シェアナンバーワンにもなっています。

野口氏は内外に「メンズスキンケアブランド世界シェアNo．１になる」ことを標榜し、現在は中国、イギリス、フランスなどでも販売されています。

二〇二〇年には木村拓哉を起用したＴＶＣＭを行い、全国的に認知度が急激にアップしました。

バルクオムの攻勢には今後、目が離せません。

2018年度メンズスキンケアシェア［ハイクラス（通販）部門］

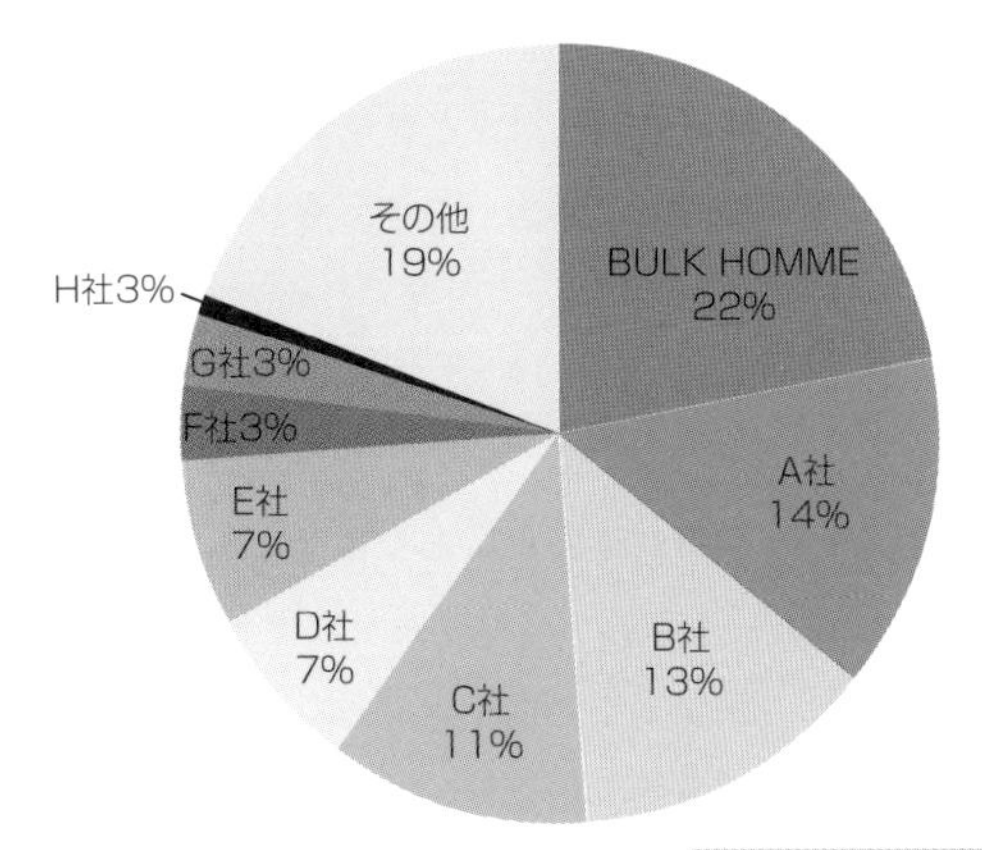

＊サブスクリプション　商品ごとに購入金額を支払うのではなく一定期間の利用権として料金を支払う方式。音楽や映像の配信、自動車などで取り組みが活発である。

カネボウの白斑事件

2013年7月、カネボウ化粧品と関連会社の株式会社リサージ、株式会社エキップは皮膚がまだらに白くなる症状（白斑）との関連性が懸念されるとして、ロドデノール（Rhododenol）を配合する8ブランド54製品を自主回収すると発表しました。

ロドデノール（Rhododenol）はカネボウ化粧品が開発した医薬部外品有効成分です。高いメラニン生成抑制効果があるとして美白化粧品に使用されていました。

日本国内では販売済みの約45万個と店頭にある58万個、あわせて100万個以上が対象となり、回収費用は約50億円。消費者庁は「ただちに使用を中止し、相談窓口に連絡する」ことを呼び掛けました。

自主回収発表後2週間の問い合わせはフリーダイヤル約10万5000人、店頭約5万8600人。回収状況は顧客から80%、店頭から86.8%。「該製品を使用し、白斑様症状を発症したお客様には、完治するまで責任をもって対応する」を基本方針とした「ロドデノール対策本部」を設置しました

海外でも、アジア10か国・地域で販売された製品も回収対象となりました。特に台湾では10万個を超え、化粧品の回収数としては台湾史上最大。台湾でも181人が症状を訴え、大きな問題ともなりました。

●対応の遅れが非難の的に

2013年5月、ロドデノール配合の製品を使って肌がまだらに白くなった人が3名いるとの連絡が皮膚科医からカネボウ化粧品に入り、これにより社長が被害を把握したにもかかわらず、社内の被害情報システムにも登録していませんでした。

また、それよりも以前から現場では白斑が確認されていたり、社員が使用して白斑となったなどの事例があったといわれていますが、本社では無視されていたようで対応の遅れが非難されています。現在でも白斑様症状を発症されたお客さますべてをカネボウ社員が訪問、お詫びと治療等の相談、和解交渉を行っています。

第9章

化粧品ビジネスのカラクリ

化粧品の原価は生産者原価、ブランド管理者原価、卸売者原価、小売者原価の4つに分類されます。販売形態により、この4つの負担者や構成比が変わります。

水をいかに高く売るか？（化粧品ビジネスの寓話）

王国のルール

ある王国のある泉に「魔法の水」がありました。この水は、肌に塗布するとシワが消える効果のある「水」です。この「水」は、その王国に許可を受けた化粧品会社なら汲みに行けます。

この「水」は、二〇〇ミリリットル当たり五〇〇円で、どの会社も同一料金を王国に支払えば、化粧品原料にすることができます。しかし、この泉の水だということは絶対に口外してはなりません。

A社の戦略

A社は資金の豊富な会社でした。とてもスタイリッシュな容器を五〇〇円で作り、化粧品原料代五〇〇円と併せて、一〇〇〇円で商品を作りました。

この商品の定価を五〇〇〇円として、王国の化粧品店に一個三五〇〇円で卸しました。王国の化粧品店のほとんどがA社を信頼していましたので、一生懸命に販売しました。

「水」は化粧品店に好評なので、一億円かけてテレビコマーシャルを流しました。そのテレビコマーシャルが好評で、一〇万個も売れる大ヒット商品となりました。

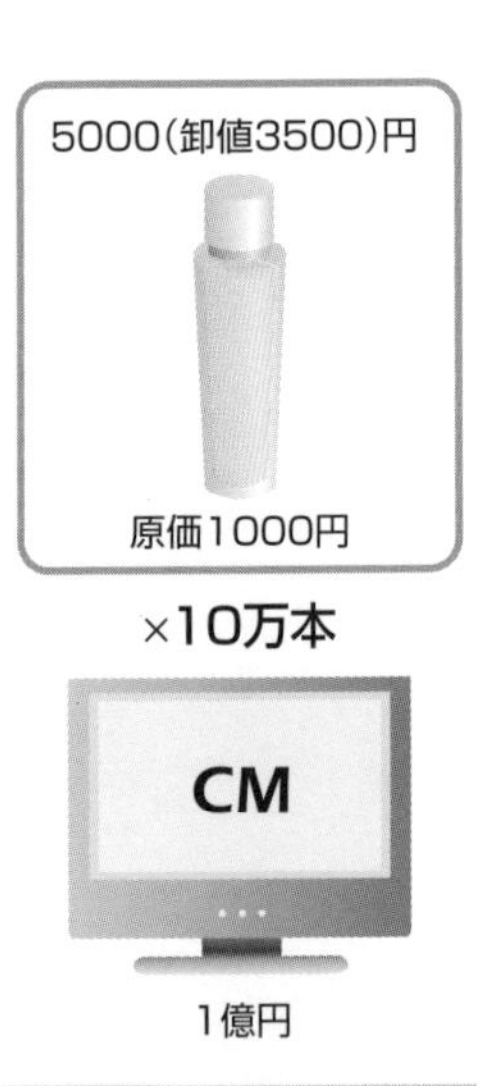

一億円かけて一〇万個売れたので、広告宣伝費は一個当たり一〇〇〇円となりました。原価が一〇〇〇円、三五〇〇円で卸しましたので、一個当たり一五〇〇円の利益が出ました。

B社の戦略

B社は自社内に強力な精鋭販売員を抱えた会社でした。B社も金属をあしらった素敵な容器を五〇〇円で作り、一〇〇〇円で商品を作りました。

B社は商品の値段を一万円としました。販売員には一個売れるごとに七〇〇〇円のインセンティブを支払うという約束をしました。

精鋭の販売員たちは、王国中の家庭を直接訪問し、販売して回りました。B社も大成功となり、三万個を売り上げました。

B社は一〇〇〇円で商品を作り三〇〇〇円で販売員に納めましたので、一個当たり二〇〇〇円の利益が出ました。

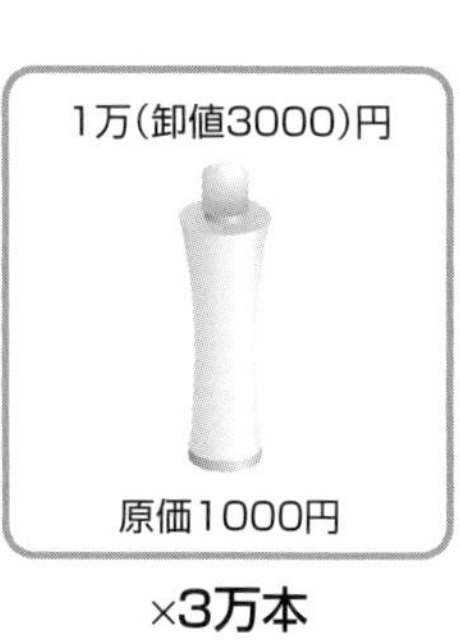

×3万本

C社の戦略

C社は王国にある高級ブティックも経営する化粧品会社です。ブティックは王族の女性もよく来店するようです。

C社は自社のデザイナーにデザインさせたとても素敵な容器を三〇〇〇円もかけてつくりました。

商品の値段は一万五〇〇〇円として自社のブティックだけで販売しました。王国のセレブの間で大評判になり、限定期間中でも五〇〇〇個も売れました。三五〇〇円かけて一万五〇〇〇円で売りましたので、一個当たり一万一五〇〇円もの利益が出ました。

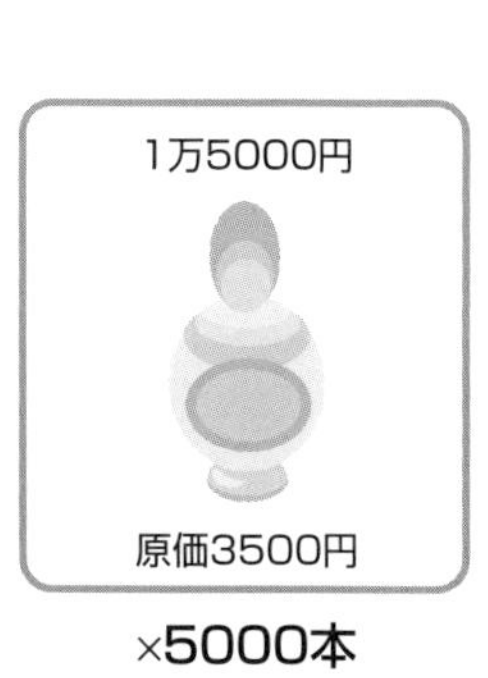

×5000本

D社の戦略

A、B、C社のヒットを見て、A社と並ぶ資金を持ったD社も商品を作りました。D社は容器を徹底的にコストダウンして三〇〇円で作り、商品を八〇〇円で作りました。

D社はこの商品の定価を二〇〇〇円として、王国内の化粧品店、薬局、スーパーなど、いろいろな販売店に卸しました。D社は、商品を通常、一二〇〇円で卸売しましたが、大量に買ってくれるスーパーなどには値引きもしました。

D社もA社と同じくテレビコマーシャルを一億円かけて行いました。王国中の販売店で販売されましたので三〇万個も売れる大ヒットとなりました。しかしながら、スーパーや薬局では二割引、三割引で売られるようになっていきました。

八〇〇円で作って、平均すると一二〇〇円で卸しましたので、一個当たり四〇〇円の粗利がありましたが、宣伝費が一個当たり三三三円かかったことになるので、一個あたりの利益は六七円でした。

E社の戦略

王国内の「水」ブームに乗じて、最近、化粧品会社としての権利を取得したE社も商品を作りました。E社は他国で一〇〇円の安い容器を探して六〇〇円で商品を作りました。

この商品を最初定価三〇〇〇円として化粧品店などに卸そうとしました。しかし、信用のないE社は、化粧品店などからまったく取扱ってもらえませんでした。

今度は定価二〇〇〇円にしてスーパーに卸そうとしましたが、こちらもだめでした。安売り店が九八〇円で売ってやるから六五〇円で卸せという話がありました。在庫が溜まっていく一方でしたので、仕方なく卸しました。安売り店では「定価三〇〇〇円を九八〇円!」と広告し、そこそこの売上ができました。

E社は、今度は容器のデザインを少し変えてリニューアルし、通販で売ることにしました。今度も三〇〇〇円として、新聞の折り込みチラシで王国中に撒きました。それでも消費者から信用のないE社の商品はまったく売れず、広告宣伝費分が赤字となってしまいました。そこで最後の手段として、E社は折り込みチラシで「A社やC社と同じ泉で取れた『水』がこの価格！」と広告し、泉の秘密を暴露した広告を作りました。

この広告は王国中で大きな話題となり、E社には注文の電話が殺到するようになりました。E社の社長はこの反響に大喜びでした。

しかし、突然王国の警察官が現れ、王国のルールを破った罪でE社の社長は牢獄に連れて行かれました。E社は多額の罰金が科せられ、大きな借金も抱え、倒産となりました。

各社のプロフィール

	プロフィール	販売方法
A社	マス宣伝、強い流通網を持つ	制度品販売
B社	販売力のある訪販部隊を持つ	訪問販売
C社	ブランド力が極めて高い	ブランドビジネス
D社	マス宣伝、物流力がある	セルフ販売
E社	新規参入者のアウトロー	ディスカウント、通販

各社の損益試算表

		販売実績	卸実績	商品原価	粗利益	販促費用	営業利益
A社	単価(円)	5000	3500	1000	2500	1000	1500
	個数(千個)	100	100	100	100	100	100
	金額(千円)	500000	350000	100000	250000	100000	150000
B社	単価(円)	10000	3000	1000	2000		2000
	個数(千個)	30	30	30	30		30
	金額(千円)	300000	90000	30000	60000		60000
C社	単価(円)	15000	15000	3500	60000		60000
	個数(千個)	5	5	5	5		5
	金額(千円)	75000	75000	17500	57500		57500
D社	単価(円)	2000	1200	800	400	333	67
	個数(千個)	300	300	300	300	300	300
	金額(千円)	600000	360000	240000	120000	100000	20000
E社	単価(円)	3000	650	600	50	300	-250
	個数(千個)	10	10	10	10	10	10
	金額(千円)	30000	6500	6000	500	3000	-2500

1

究極の「水商売」

化粧品は安ければ売れるというものではありません。適正な価格は、適正なプロモーション費用が加算されて成り立っています。

商品の定価

化粧品の中で最もボリュームの大きいアイテムは化粧水ですが、化粧水のほとんどは「水」です。化粧品は「水商売」といわれますが、まさに化粧品ビジネスは、この「水」を高く売れるかどうかということが本質です。信用のある会社、ブランド力のある会社の商品は少し高くても購入されます。

例えば、先の寓話ではA社からD社のような大手メーカーの商品は、消費者から信頼を得ています。消費者からのクレームがないように、安全性のテストはしっかりしていますし、消費者からクレームがあった場合もキチンと対応します。さらにブランドイメージが高いC社のような会社の商品は、C社の商品というだけで、高い値段で販売することができます。

逆に、E社のように信用のない会社の作った商品は、仮に大手と同じ内容の商品でも、なかなか高い値段では販売できません。場合によっては、原価以下でも消費者は購入しないかもしれません。

化粧品というのは不思議なもので、まったく同じ商品でも、「これは高級化粧品ですよ」という暗示を受けて使用すると肌に効果があります。

「私はいい化粧品を使っているのよ」という気持から、女性ホルモンが分泌され、肌にいい効果を与えるともいわれます。化粧品の価格付けには、マーケティングでいう**威光価格***の効果が働くのです。

化粧品の商品原価が低いことに目くじらを立てる人がいます。以前は主婦連*がこのことを大問題にして、

用語解説
* **威光価格**　品質の高さやステータスを消費者へ訴えるために、意図的に高く設定された価格。
* **主婦連**　1972年、主婦連が再販化粧品不買運動を展開した。

自分たちで「ちふれ」というブランドを作ったこともありました。

プロモーションコスト

確かに商品原価を知って驚かれる人もいるでしょう。いくら原価率を上げて安い商品を作ったところで、宣伝やPRをしなければ誰にも知ってもらえません。誰も知らない化粧品というのは信用も持ち得ず売れません。消費者に認知してもらうには、広告や宣伝が必要ですし、宣伝しなくてもブランド商品が売れるのは、ブランドとしての地位を勝ち取るまでに多くの投資がかかっているからです。

消費者から商品の安全性に対する信頼を得るための研究経費、商品を知ってもらうプロモーション費用、商品の使い方を説明する販売員の人件費、こういったものも含めて化粧品は成り立っているのです。

売れるために本当に必要なコストを積み上げていくと、自ずと商品原価率はこれだけのパーセンテージになってしまうのです。化粧品においても十分な市場原理が働いているのです。

化粧品のブランド力を構成する要素

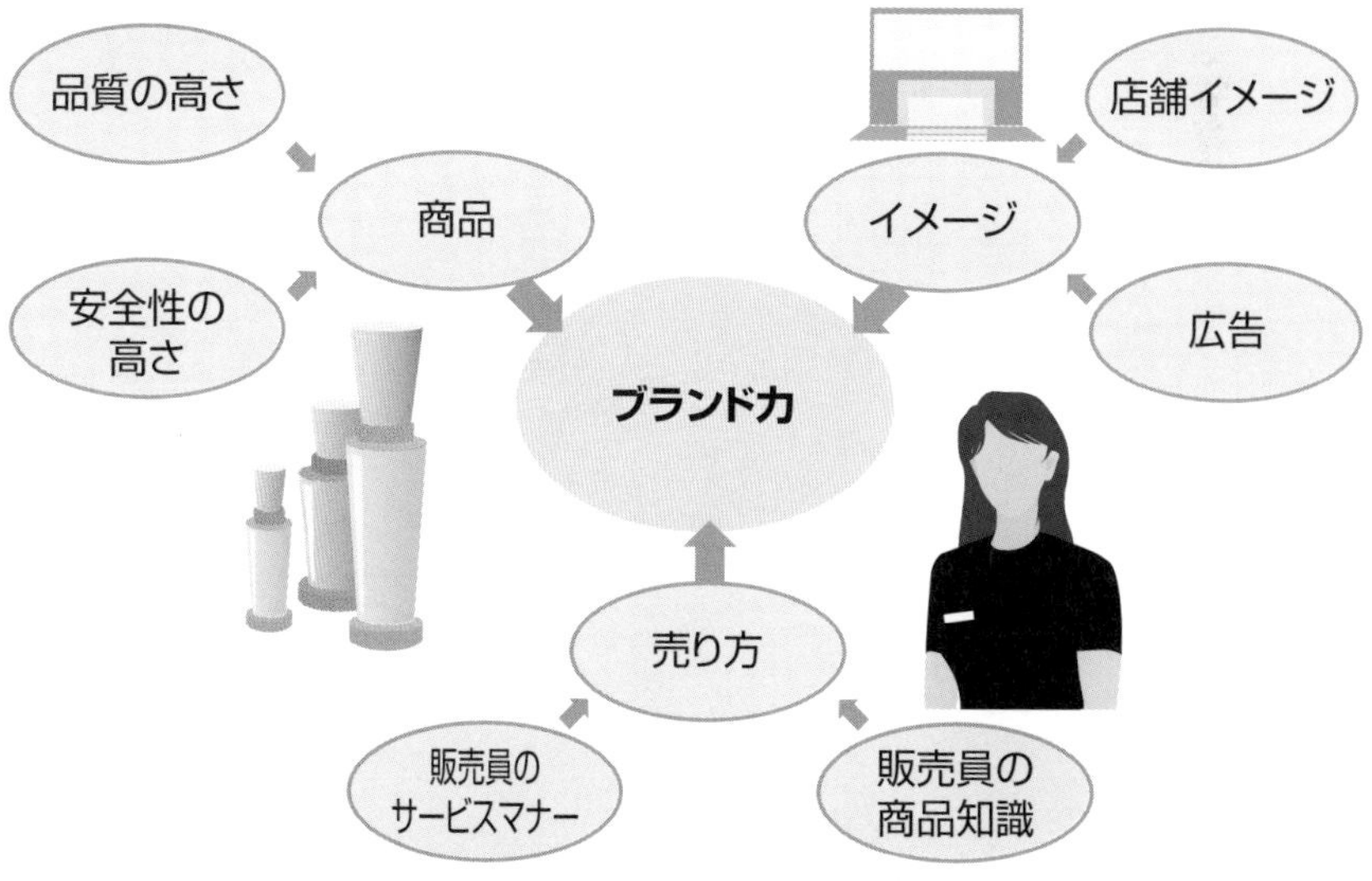

品質の高さ
商品
安全性の高さ
店舗イメージ
イメージ
広告
ブランド力
売り方
販売員のサービスマナー
販売員の商品知識

2 化粧品の商品原価

化粧品ビジネスがうまくまわる「落としどころ」を解説します。これを説明するには化粧品の原価構成を詳しく説明していく必要があります。

化粧品ビジネスの「落としどころ」

化粧品ビジネスは、マーケティングの面から見ると本当に興味深いものです。その商品にあった流通を選択し、適正な価格を付けて、利益をどう流通に分配するか、そしてどんなプロモーションが最も効果的かを考えます。商品、価格、流通、プロモーションの、いわゆる「マーケティングの4P*」が、すべてうまくマーケティングミックスできたときにのみ、成功するのです。商品コンセプトが曖昧だったり、価格が適正でなかったり、何か一つでも不十分な要素があると、ヒット商品にはなりません。

この、化粧品ビジネスの「落としどころ」を知るには、商品の原価構成を理解するのが一番手っとり早いのですが、このことは通常、業界でのタブーです。

化粧品の原価構成

次ページの図を見てください。化粧品の原価構成です。化粧品はどんな流通のものでも、このような要素から成り立っています。

大きくは下から、生産者原価、ブランド管理者原価、卸売者原価、小売者原価の四つに分類*されます。

生産者原価は化粧品の原料費、容器包材などの直接原価だけでなく、化粧品の研究開発費、安全性テストの費用など、もちろん生産者の利益も含まれます。生産者原価は定価の二〇%を目安にしました。

次にブランド管理者原価です。この費用はブランドのイメージを上げ、維持するための経費です。ブラン

用語解説

*…の4P　製品政策(Product)、価格政策(Price)、広告・販促政策(Promotion)、チャネル政策(Place)のこと。

*四つに分類　これは筆者独自の分類方法。

ドを広告宣伝やＰＲ活動する費用が主です。

　さらに重要なのが在庫処分費用です。ブランド化粧品の場合は、ブランド管理者が在庫処分費を支払わず他者に支払わせると、ブランド管理者が在庫処分費を支払わずブランドのイメージを下げることになります。在庫処分費はブランド管理者が支払い、ブランドイメージを維持しなければなりません。これも定価の二〇％を目安にしました。

　次に卸売者原価です。主に物流費、小売者に対する営業費用と卸売者利益で構成されています。小売者に対する営業費用には、小売販売員への教育費用などのリテールサポート費用も含まれています。これもだいたい定価の二〇％を目安にしました。

　最後に小売者原価です。販売員人件費、顧客誘致費用、小売管理費、小売者利益で構成されています。

　顧客誘致費用は店舗の場合であれば、チラシやダイレクトメールなどの費用です。小売管理費は店舗の家賃などです。小売者原価のうち、最も大きな経費は販売員人件費です。小売者原価は定価の四〇％を目安にしました。

化粧品の商品原価

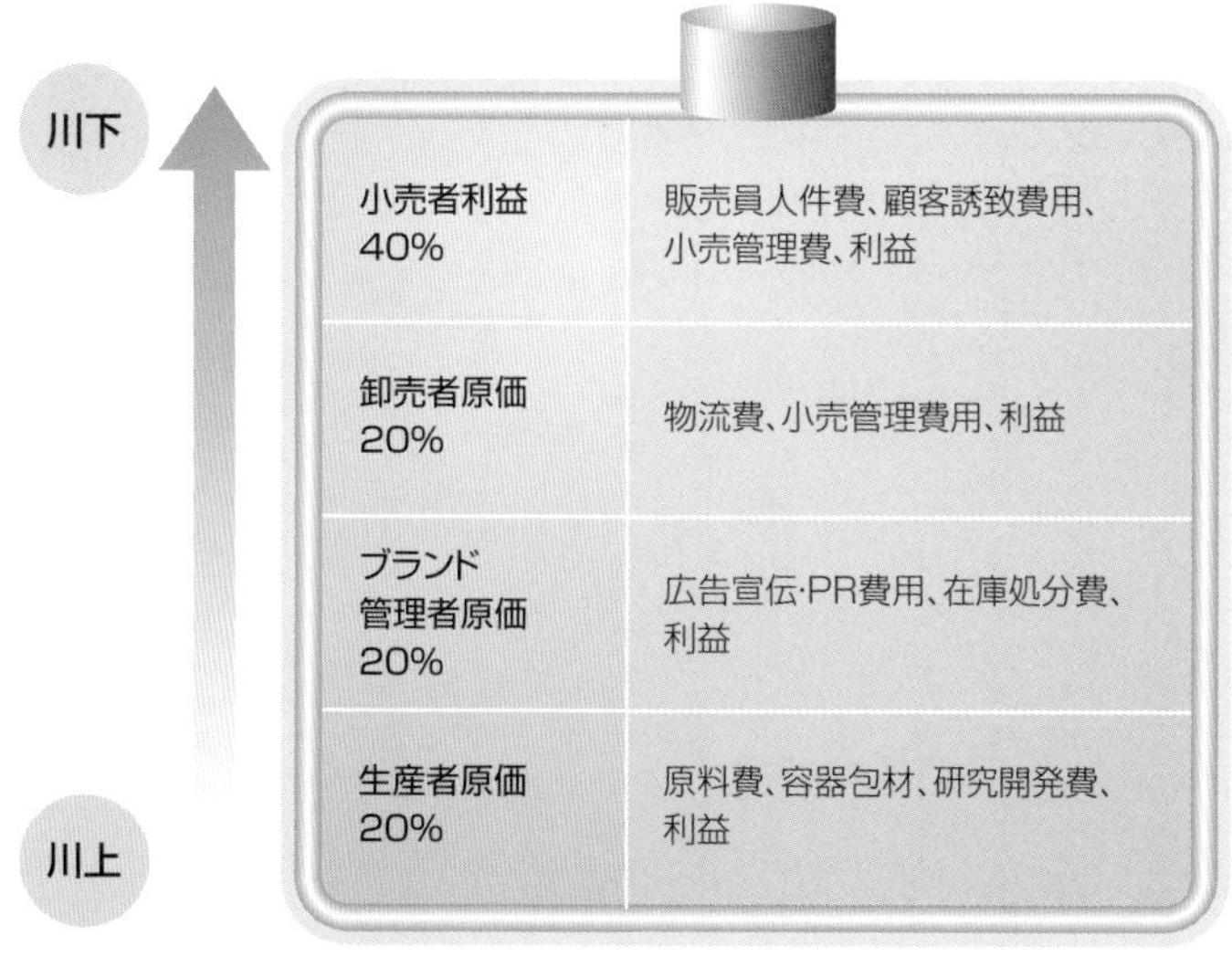

川下

小売者利益 40%	販売員人件費、顧客誘致費用、小売管理費、利益
卸売者原価 20%	物流費、小売管理費用、利益
ブランド管理者原価 20%	広告宣伝·PR費用、在庫処分費、利益
生産者原価 20%	原料費、容器包材、研究開発費、利益

川上

3 ブランド化粧品のカラクリ

ブランド化粧品は、生産者原価、ブランド管理者原価、卸売者原価と小売者原価の販売員人件費を、すべてブランド側が負担していく販売方法です。

ブランドイメージの維持

この化粧品の原価構成をもとに、様々なパターンの化粧品販売の落としどころを考えてみましょう。まずは百貨店の外資系化粧品のように、安定した価格で自社の美容部員が販売していくブランド化粧品の商品原価を見てみましょう。

ブランド化粧品の成功のためには、ブランド価値を守るため、安定した定価で販売される仕組みが、まず必要です。イメージの悪い売場で安売りされていれば、ブランドイメージは失墜してしまいます。

ブランドの定価販売が守られるためには生産者、ブランド管理者、卸売者、小売者の各流通段階でブランドの支配力を行使して、生産者から消費者の手に届くまで、ブランドの社員が関わることが理想的です。

価格安定化策

化粧品の場合はあまり例がありませんが、ブランド品のバックなどは、生産工場からの横流し*もあるといわれています。ブランド品は生産工場から部品も含め、全品引渡させることが鉄則です。

卸売者の役割は自社が行い、自社で販売会社を持つことが理想です。大手の一流海外ブランドはすべて日本に子会社を持っています。これら以外のブランドは日本の代理人に卸売を任せていますが、そういった代理人の中には横流しを行う者もいるようです。

海外の一流ブランドが安売り店に並んでいる場合もありますが、これはたいてい海外からの横流しです。化

＊…の横流し　中国におけるブランドの模造品は、中国の生産工場からの、部品の横流しによるものともいわれている。

粧品の場合は薬事法で守られて*いますので、合法的に販売されることは極めて難しくなっています。日本市場での売上比率の高いブランドでは、日本以外の国で売る商品に日本では許可されていない成分をわざと配合して、日本への並行輸入を阻止している例もあるようです。小売も、百貨店や直営店で自社社員によって販売されるのが理想で、小売者原価の販売員人件費もブランド側が負担します。信頼できる小売パートナーに販売を任せる場合や、百貨店の従業員に販売してもらう場合などは、小売者原価のうちの販売員人件費をどちらが負担するかで、納入掛率を交渉しています。

このように、ブランド化粧品は生産者原価、ブランド管理者原価、卸売者原価と小売者原価の販売員人件費を、すべてブランド側が負担しています。このシステムの中で、安心して自社のブランドイメージを上げる商品開発、広告宣伝、PR活動、プロモーションを行っています。

自社のブランドイメージが高くなっていけば、価格支配力は自社が持っていますので、おおいに利益を上げることができます。

ブランド化粧品の商品原価

＊**薬事法で守られて**……　化粧品を合法的に輸入販売するには、化粧品の配合成分の詳細を届出する必要がある。正規輸入者以外が配合成分の詳細を届出するのは困難。

4 セルフ化粧品のカラクリ

セルフ化粧品ではメーカーが生産者原価とブランド管理者原価を負担し、卸売業、小売業の各流通がそれぞれの原価を負担して販売します。

各原価のコストダウン

セルフ化粧品の場合は価格の手頃さが要求されます。しかし、品質に見合った本来の販売価格が、ある程度維持され、ブランドイメージの高い商品でなければ売れません。つまり、商品価値と価格のバランスが保たれた上で、手頃な価格でなければなりません。価格を抑えるためには、各段階でコストを抑える努力が必要です。まず、生産者原価では原料の安いものを使用し、容器包材もカットします。研究開発費のかかる新成分などを使うこともあまりありません。

卸売者原価を抑えるためには、物流費や小売リベートなどをカットする方法を考えます。小売者原価を抑えるためには、やはり、最もコストのかかる販売員人件費をカットしていきます。

ブランド管理者原価をどうするかが最も難しい点です。ブランドイメージはメーカーが上げるしかありませんので、実際にはメーカーが負担する原価です。ブランド管理者原価にコストを投下しないと、商品が認知されることはありません。認知されない商品は、消費者には売れませんし、小売や卸売でも扱ってもらえません。ブランド管理者原価は、たんにコストダウンを狙うのではなく、費用対効果の上がる方法を狙わなければならない原価です。

化粧品メーカーでも、自社工場を持たない会社は**OEM化粧品メーカー**＊に生産を委託します。生産者原価の二〇％前後が目安ですが、定価は化粧品メーカーが付けられますので、その比率は操作できます。

用語解説
＊**OEM化粧品メーカー** 相手先ブランドを受託生産する化粧品メーカーのこと。日本の化粧品の多くはOEM化粧品メーカーが生産している。

各流通段階での取引

一般品メーカーは通常、生産者原価とブランド管理者原価の双方を負担し、卸売問屋に販売します。

ですから約四〇%が目安となります。ただし、取引量や諸条件などの交渉で、この掛率は上下します。特に本来、ブランド管理者であるメーカーが負担すべき在庫処分費を卸売側が負担、つまり、買取りで卸売がメーカーから仕入れる条件を出せば、さらに安くなります。

卸売問屋は卸売者原価を負担して小売に卸します。問屋では美容部員などの販売員を持っていませんので、小売者原価は負担せず、約六〇%の掛率で問屋から小売に卸されます。こちらも取引量においては掛率が安くなったりする場合があります。

セルフ販売では、本来四〇%の粗利があります。約一五%相当の販売員人件費もかかりません。しかし実際は、ドラッグストアなどでは一五%の販売員人件費は値引きの原資に使います。さらに他店との競争環境が厳しい小売店では、本来約一五%ある小売者利益も削って二〇%、三〇%の値引き販売をしています。

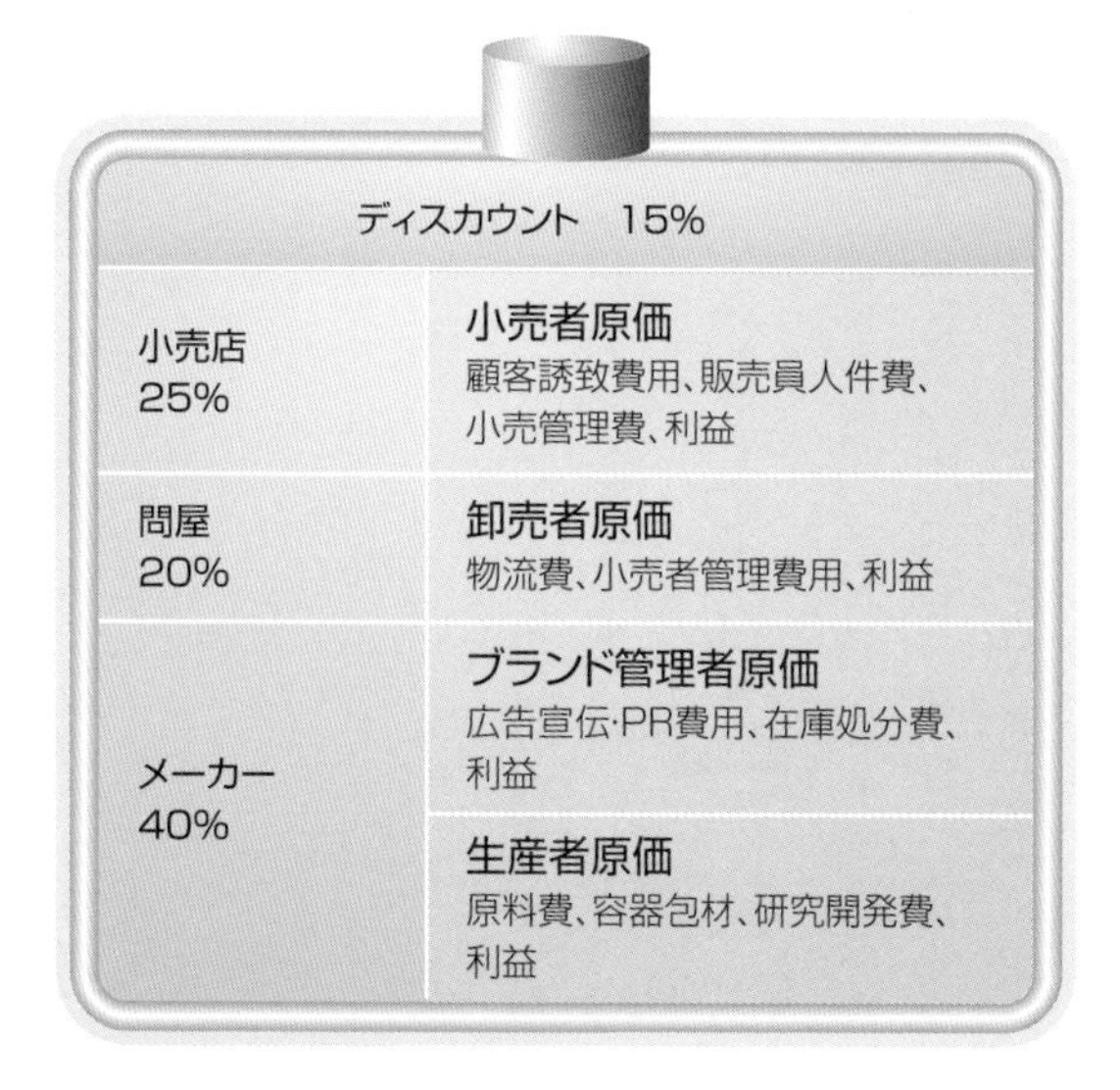

【ファブレス企業】 自社工場を持たない製造メーカーの総称。

5 通販化粧品のカラクリ

通販化粧品では卸売者原価はフルフィルメントコストに、小売者原価はダイレクトメール費用に形を変えます。

通販化粧品の生産者、ブランド管理者原価

それでは、店頭販売以外に流通する化粧品の原価構造はどうなっているのでしょう。通販化粧品と訪問販売化粧品について見てみましょう。

最初に通販化粧品です。通販化粧品の特徴は、店頭販売の化粧品よりも垂直統合し、小売まで行って消費者と直接取引するという点にあります。

まずは生産者原価です。通販化粧品では、自社工場まで持っている会社は一部です。ほとんどがOEM会社に生産を委託しています。二〇%前後の生産者原価は他の流通と同じです。

次にブランド管理者原価です。ブランドの認知を上げること、OEM会社から引き取った在庫を処分する費用などは、同じようにかかりますので、店頭販売と同じく約二〇%はかかります。

ここまでの生産者原価、ブランド管理者原価は店頭販売と変わりません。しかし、ここからの通販化粧品の原価は他の流通と大きく異なります。

フルフィルメントのコスト

通信販売業の独特の用語でフルフィルメントという言葉があります。**フルフィルメント**とは、電話などで受注し、商品を顧客に届けて代金を回収するまでの仕組みのことです。通販化粧品の場合、自らがブランド管理者であり、小売者ですので、卸売業者は介在しません。しかし、本来かかる卸売者原価は、このフルフィルメントコストにあたります。

＊コールセンター 電話を有力な販売チャネルと考え、顧客への勧誘や問い合わせ対応をデータベースと連動させ、専門に行うサービス（施設）。

受注にかかるコストとしては**コールセンター**＊の家賃、電話オペレーターの人件費や通信費などがあります。発送にかかるコストとしては、流通センターの家賃、発送作業員の人件費、発送用包材費用、配送費用などがあります。代金回収費用としては**代金回収代行業者**＊への費用などがかかります。これらが、やはり約二〇％かかってきます。小売業者原価に相当するのは、通販化粧品の場合、ダイレクトメール費用です。

通販の場合、チラシを撒いたり、カタログをダイレクトメールで届けたりしないと注文はありません。

ネット通販の場合ですとインターネット広告の費用を投下しないと認知されません。

通販化粧品でも生産者原価、ブランド管理者原価、卸売者原価までで約六〇％で、残り四〇％が使えますが、当初はダイレクトメール費用を、その範囲に抑えることはなかなかできないものです。しかし、固定客が増えていけば、ダイレクトメール一通で獲得できる売上も上がり、ダイレクトメール費用は相対的に下がります。理想的には、これを二〇％前後に抑えて、二〇％の利益を出せるようしたいものです。

通販化粧品の商品原価

＊代金回収代行業者　郵便局やコンビニエンスストアなどが支払い代金の回収を代行してくれる。これらを取りまとめる信販会社もある。

6 訪問販売化粧品のカラクリ

訪問販売、ネットワーク販売の場合は、ブランド管理者原価、卸売者原価、小売者原価の配分の仕組みをいかに作るかがビジネス成功の決め手です。

訪問販売の原価構成

次に**訪問販売**について見てみましょう。訪問販売というと、ふつうはプロの販売員が顧客を訪問して販売する手法をいいます。最近は**ネットワーク販売***といって、愛用者が愛用者を獲得していくシステムの販売手法もあります。この二つについても商品原価でビジネスの仕組みを解説していきます。

まず、訪問販売ですが、もともとは、訪問販売は販売員を社員として雇用して販売活動をさせていました。

生産者原価の約二〇%は他の流通と同じですが、ブランド管理者利益以降の原価の割当てについては、会社の戦略などによってまったく異なります。

まず、大手訪問販売化粧品会社では、ブランドイメージを上げるためにテレビなどのマス媒体を使って宣伝します。知名度が上がれば、販売員が訪問販売するのも容易になります。訪問販売員の獲得も楽になりますし、顧客からの直接注文も増えていきます。このような会社ではブランド管理者原価を、やはり二〇%前後は投下します。

訪問販売員の教育に力を入れて、教育費にブランド管理原価の多くを投下する会社もあります。訪問販売化粧品会社には、制度品化粧品会社に引けを取らない教育施設を備えている会社もあります。

組織力に力を入れている会社は地域販社を強化しています。地域販社をメーカーの一〇〇%子会社にする会社もあれば、フランチャイズ制の会社、卸問屋的な会社といろいろあります。子会社は最も組織力を強

***ネットワーク販売** 7-4節参照。人と人とのコミュニケーションネットワークを主体とするもので、いわゆる、インターネット販売のことではない。

化できますが、そのぶんコストもかかります。

この地域販社のコストは卸売者原価にあたります。販売員に利益を多く分配することで販売員の意欲を高めようとする会社もあります。その比率はまちまちで、販売員の利益が二〇％のところもあれば、五〇％というところもあります。販売員の利益は小売者原価にあたります。

ネットワーク販売の原価構成

ネットワーク販売の場合は、生産者原価とブランド管理者原価を三〇％程度*にして、あとは販売員の利益に充当します。ネットワーク販売の本部は、ブランド認知の宣伝や販売員教育などもしませんので、三〇％でも十分利益が出ます。

販売員の利益は、そのネットワークの仕組みによって各階層別に配分していきます。販売員のモチベーションを上げられる配分方法をいかにシステム化できるかが、ビジネス成功の決め手です。

訪問販売化粧品の商品原価

＊…**30%程度**　ネットワーク販売の場合は、仕組み自体を自社で作るので、各原価の構成比は自由に組み立てられる。

7 最初のハードルは製造ロット

化粧品ビジネスのカラクリをさらに理解するため、オリジナル化粧品を作って化粧品事業を立ち上げることを例に説明しましょう。

オリジナル化粧品を作ってみよう

これまで、各流通別、販売方法別に化粧品ビジネスの原価面での成り立ちを説明してきました。ただし、これはビジネスが回り出し、商品が売れてからの原価構成です。ビジネスを始めるには、最初に初期投資がかかります。では化粧品ビジネスを始めるまでの初期投資には、どういう金額が発生するのでしょうか。新しくブランドを作って、化粧品事業を始めるとして説明します。

まず、オリジナル商品を製造する費用がかかります。最初から化粧品工場を作ろうとする人はいないでしょう。通常、ＯＥＭ会社に化粧品の製造を委託します。

こういう成分を配合して、こういう効果のある商品を作ってくれとＯＥＭ会社に伝えれば、ＯＥＭ会社で処方の案を作ってくれます。もちろん、高価な成分を配合すれば原価は高くなります。

次は容器です。容器代はピンからキリまであり製品代の幅があります。問題は金型代＊です。他社にない変わった容器にしようとすると、金型を起こさなければなりません。パーツにもよりますが、一〇〇万円から場合によっては一〇〇〇万円以上もかかることがあります。

問題は生産ロット

製造ロットが多ければ、化粧品代も容器代も単価は安くなりますが、最初は一個当たりのコストが上がっても、最小ロットで発注した方が無難です。通常、発注

＊金型代　金型代はだいたい自動車の価格くらいが目安。

ロットは三〇〇〇個以上ないと受けてくれません。

化粧品の中身を製造者の間では「**バルク**」といいます。化粧品は釜で製造したものを容器に詰めていきます。バルクとは、化粧品を製造する場合に釜単位でできた化粧品です。化粧品製造はこの釜単位でしか*作れませんので、一度に数千個はできてしまいます。一度に三〇〇〇個ぶん製造できてしまう釜で製品を作った場合、もし、注文が一〇〇個しかないなら、残りの二九〇〇個は捨てることとなります。

一個一〇〇〇円で作ったとして三〇〇〇個で三〇〇万円、一〇アイテム作ったら三〇〇〇万円の投資となります。化粧品事業を始めるにあたって、最も大きな投資が商品製造への投資です。化粧品ビジネスを始める際の大きなハードルが、この生産ロットです。ただし、三〇〇〇個ロットで一個当たり一〇〇〇円かかったコストも、二度目の発注、あるいは一万個一括発注になると、かなり安くなります。

大手化粧品会社になると、数十万個の製造になりますので、大幅にコストが下がります。

化粧品製造コスト

組立加工費	変動費	人件費
	固定費	冶具代等
バルク	変動費	原料
	固定費	工場ラインコスト
容器	変動費	資材原料
	固定費	金型代、工場ラインコスト

＊釜単位でしか…　中には「1個からでも受注します」という手詰めで製造するOEMメーカーもある。

8 流通、販促を考えてみよう

化粧品ビジネスには販売ルートを持っていることが重要です。いい商品であれば、リピート購入され、初期に投資した資金が徐々に回収できます。

販売ルートがポイント

新規事業として化粧品事業を立ち上げ、オリジナル化粧品を製造しました。さあ、次はその商品をどこで売るかを考えてみましょう。

化粧品ビジネスで最も重要な要素は商品と流通です。いい商品でなければ顧客に長く愛用してもらえません。しかし、いい商品でも販売ルートがしっかりしていなければ絶対に売れません。

制度品のような大きな仕組みを最初から作るのは不可能です。まずは参入しやすいルートから入っていくべきでしょう。参入しやすいルートとしては、一般品流通、通販、訪問販売の三つです。

ユニークで安価な商品であれば、問屋と取引をして一般品流通に卸すのがよいでしょう。インターネット通販ならローコストで誰にでも始められます。紹介販売の得意な知人が大勢いれば、その人たちを中心に販売してもらってもよいでしょう。いずれにしても、自社がもともと持っている財産を活用するのが近道です。通信販売を行うにしても、何かの名簿が使えるとか、訪問販売にしても、自社の既存の販売ルートに抱き合わせで売る、などといったことです。

生産ロットの関係で、最初から三〇〇〇個の商品はできてしまいます。化粧品は生もの*ですので、なるべく早く売ってしまいたいものです。少なくとも、年間で三〇〇〇個は売れるような販売ルートを持っていないと、ビジネスは成功しません。

もともと誰も知らない商品を売るには、販売促進費

＊化粧品は生もの　化粧品は行政の指導もあり、最短でも3年以上は品質が変わらないように生産されている。

の投資が必要です。成功している化粧品会社はそれぞれにユニークな販促策を持っています。消費者に訴えかける宣伝文句も必要です。投資と回収多くの事例を見ると、一回の販促投資額で、その販促投資額と同じだけの売上が立てば、成功と判断すべきでしょう。一〇〇〇万円投資して一〇〇〇万円の売上なら成功です。ですが、これでは粗利率六〇％なら四〇〇万円の赤字になってしまいます。

しかし、化粧品ビジネスの本質はここからです。

化粧品は顧客に認知され、いい商品と認めてもらえばリピート購入されます。先に一〇〇〇万円売れた商品で、リピート率*の五〇％の商品であれば、二回目には五〇〇万円の注文が、販促費をほとんどかけずに三〇〇万円の利益が保証されます。

そうしてリピート購入が続いていけば、利益はさらに上がります。商品の良さはリピート率で決まります。化粧品ビジネスの成功のために良い商品であることが重要なのは、成功には、リピート率の高さが要因となるからです。

化粧品ビジネスの採算の仕組み

投資額			
販促費	1,000	0	0
売上			
	初回購入	2回目購入	3回目購入
リピート率		50	80
購入者数	1,000	500	400
客単価	1	1	1
売上高	1,000	500	400
商品原価	200	100	80
販売管理費	200	100	80
粗利益	600	300	240
損益			
累計赤字	400	100	-140

累損解消

（単位:万円）

＊リピート率　商品によりリピート率は大きく変わる。スキンケアの場合は、通常、40～50％のリピート率があるが、中には10％以下の商品、70％以上の商品もある。

展示会

化粧品業界に関する会社で自社の販売先を拡大するために有効に活用されるものに、展示会への出店があります。

有名な化粧品関連の展示会ですと、ビューティワールドや化粧品開発展・化粧品展などがあります。それぞれ、東京ビックサイトや幕張メッセなどで開催されます。

展示会には化粧品会社だけではなく、化粧品原料メーカーや容器メーカー、化粧品製造機器メーカー、販促ツールの広告代理店などが多数出展されています。海外の企業も多く出展されます。

原料メーカーですと新素材を披露したりしていますので化粧品開発マンや研究者が来場し、新しい素材の提案を受けます。化粧品会社のブースには卸問屋や小売業の方々が来場され新規取り扱いの商談に及んだりします。

このように多くの業種の方々が来場され様々なマッチングが起こりますので、今後新たな展開をされたい方はぜひ来場されることをお奨めします。大変勉強になると思います。

第10章

化粧品プロモーションのカラクリ

70〜80年代は、化粧品シーズンキャンペーンの全盛期でしたが、90年代以降、商品訴求型のプロモーションに移行し、雑誌広告やサンプル配布、インターネット広告などの比率が高まってきました。

1 化粧品プロモーションの変遷

七〇年代、八〇年代は、資生堂、カネボウのシーズンキャンペーン全盛の時代でした。マスコミュニケーションによる大量広告宣伝は功を奏しました。

華やかな化粧品キャンペーン

一九七〇年代、八〇年代の、化粧品の広告はいま以上に華やかでした。春夏秋冬のシーズンキャンペーンが全盛で、特に資生堂とカネボウのキャンペーンはとても話題性があり、「今年の資生堂のモデルは誰がやるのだろう?」「今年のカネボウのキャンペーンソングは誰が歌うのだろう?」と話題になったものです。当時は、ベストテン番組*全盛の時代でもあり、資生堂、カネボウがキャンペーンソングを出すと、必ずその曲はベストテンの上位に連なったものでした。

実際に、キャンペーンが華やかで話題性のあるメーカーの方が売上も好調でした。特に春のキャンペーンでは、当代の人気タレントがコマーシャルで、そのキャンペーンカラーの口紅をつけたため、その色の口紅はとてもよく売れました。八〇年代のカネボウでも、当時人気の松田聖子がモデルをやったキャンペーン製品*は爆発的に売れ、品切れ店が続出、消費者から苦情を受けたものでした。

当時、消費者への調査をしても、そのブランドの化粧品を購入した理由に「テレビでCFを見て」という項目が高く、春のキャンペーンの口紅を買う理由では、「キャンペーンカラーだから」「春は必ず新色を買う」という項目が、購入理由の上位でした。

また当時は、制度品化粧品は全国の全流通で同じブランドを売っていましたので、メーカーにとっても全国同時キャンペーンは、現在と比べものにならないくらいの効果がありました。

*ベストテン番組　TBS「ザ・ベストテン」などが高視聴率番組として放映されていた。

*…のキャンペーン製品　1984年春、カネボウの「バイオ口紅ピュアピュア」。

77～82年キャンペーン 資生堂 vs カネボウ

年		資生堂				カネボウ			
		タイトル	モデル	曲名	歌手	タイトル	モデル	曲名	歌手
77	春	マイ・ピュアレディ	小林麻美	マイ・ピュア・レディ	尾崎亜美	ピンキッシュくん	ソフィ・デカン	シャンテ・シャンテ・ピンク	ジュリー・バタイユ
	夏	サクセス・サクセス	ティナ・ラッツ	サクセス	ダウンタウンヴギヴギバンド	OH！クッキーフェース	夏目雅子	OH！クッキーフェース	ティナー・チャールズ
	秋	うれしくてバラ色	ローラ川又			舞踏会のワインカラー	古泉まり子	ワインカラーのときめき	新井満
78	春	メロウカラー	高原美由紀	春の予感	南沙織	女王蜂のくちびる	中井貴恵	愛の女王蜂	塚田三喜夫
	夏	時間よ止まれまぶしい肌に	ローリ・レオン	時間よ止まれ	矢沢永吉	Mr.サマータイム	服部まこ	Mr.サマータイム	サーカス
	秋	君の瞳は10000ボルト	ルーシー島田	君の瞳は10000ボルト	堀内孝雄	パリは薄化粧	沢田知子		
79	春	劇的な劇的な春ですレッド	カトリオーナ・マッコール			きみは薔薇より美しい	オリビア・ハッセー	きみは薔薇より美しい	布施明
	夏	ナツコの夏	小野みゆき	燃えろいい女	ツイスト	一気にこの夏チャンピオン	浅野ゆう子	サマーチャンピオン	浅野ゆう子
	秋	微笑の法則	星野真弓	微笑の法則	柳ジョージ	セクシャル・バイオレッドNO.1	エマ・サムス	セクシャル・バイオレッドNO.1	桑名正博
80	春	ピーチパイ	メアリー岩本	不思議なピーチパイ	竹内まりや	唇よ、熱く君を語れ	松原千明	唇よ、熱く君を語れ	渡辺真知子
	夏	輝け！ナツコSUN	田中ちはる	蜃気楼	クリスタルキング	ビューティフルエネルギー	荻原佐代子	ビューティフルエネルギー	甲斐バンド
	秋	おかえりなさい秋の色	ヨアンナ・ディック	おかえりなさい秋のテーマ	加藤和彦	How many いい顔	壇ちひろ	How many いい顔	郷ひろみ
81	春	ニートカラー	マイティ・ルドント	ニートな午後三時	松原みき	春吹小紅ミニミニ	林元子	春吹小紅	矢野顕子
	夏	ひかりとパラソル	メアリー岩本	サマーピープル	吉田拓郎	君にクラクラ	城戸真亜子	君にクラクラ	スカイ
	秋	メイク23秒	ナンシー・ナナ	メイク23秒	桃井かおり	キッスは目にして	佐藤美和子	キッスは目にして	ヴィーナス
82	春	口紅マジック	津島要	いけないルージュマジック	忌野清志郎	浮気な、パレットキャット	小池玉緒	浮気な、パレットキャット	ハウンド・ドッグ
	夏	夏ダカラ、コウナッタ	トリー	ラハイナ	矢沢永吉	赤道小町ドキッ！	夏小町	赤道小町ドキッ！	山下久美子
	秋	気分はフェアネス	アンジェラ・ハリー	気分はフェアネス	山根麻衣	すみれSeptember Love	ブルック・シールズ	すみれSeptember Love	一風堂

2 キャンペーンの終焉

ブランド別マーケティングが進み大量宣伝のキャンペーンに蔭りが出てきました。イメージ中心から商品訴求中心の広告へと変遷していきます。

キャンペーン効果の蔭り

八〇年代後半頃から、キャンペーンの効果に蔭りが見られるようになりました。

この頃になると、高度成長期は終わりを告げ、大量宣伝大量販売のプロモーションは影を潜めるようになってきました。

また、「大衆から分衆へ」などといわれ、「お客様のニーズは個々に違う*」という考えをもとにしたマーケティングが行われるようになりました。

化粧品についても同じで、顧客を年代別にセグメントしたブランドや、悩み別に作られたブランド*などが発売され、どの制度品化粧品会社でもブランド数が増えてきました。

制度品化粧品では、そのブランドごとのセールスプロモーションを行うようになりました。そうなると、広告宣伝費も各ブランドに分散して使わざるを得ないようになりました。そして自ずと、以前のシーズンキャンペーンのような広告宣伝費の集中投下は難しくなり、キャンペーンの規模もだんだん小さくなっていきました。

その頃になると、化粧品会社でも社内では「キャンペーン」という名称は使われなくなり、商品ブランドごとの、「**プロモーション**」という名前に名称変更されました。

七〇年代、八〇年代型の化粧品キャンペーン手法が終焉したのでした。

用語解説

***…は個々に違う** 「10人10色」から「1人10色」へ。

***…に作られたブランド** 美白化粧品、小じわ対策ブランド、にきび対策ブランドなど。

83～88年キャンペーン　資生堂vsカネボウ

年		資生堂				カネボウ			
		タイトル	モデル	曲名	歌手	タイトル	モデル	曲名	歌手
83	春	う、ふ、ふ、ふ、フォギー	アンジェラ・ハリー	う、ふ、ふ、ふ	エポ	夢・恋・人・AVA	広田恵子	夢・恋・人	藤村美樹
	夏	め組のひと	トリー	め組のひと	RATS&STAR	君に、胸キュン	相田寿美緒	君に、胸キュン	YMO
	秋	公私ご多忙用	アンジェラ・ハリー	恋は、ご多忙申しあげます	原由子	パウダーチェンジ　ピタ！	夏目雅子	おまえに　ピタ！	横浜銀ばえ
84	春	くちびるヌード	アンジェラ・ハリー	くちびるヌード	高見知佳	バイオロ口紅ピュアピュア	松田聖子	ロックンルージュ	松田聖子
	夏	この夏その気	セリア	その気mistake	大沢誉志幸	君たちキウイ・パパイア・マンゴだね	栗原景子	君たちキウイ・パパイア・マンゴーだね	中原めい子
	秋	ニュアンスしましょ	アンジェラ・ハリー	ニュアンスしましょ	香坂みゆき	聖子のフォンデーション	松田聖子	ピンクのモーツアルト	松田聖子
85	春	ベジタブルスティック	ミア・ニグレン	ベジタブル	大貫妙子	バイオシンデレラ	沢口靖子	シンデレラは眠れない	アルフィー
	夏	いろ・なつ・ぬる・ゆめ・ん	甲田益也子	いろ　なつ　ゆめ	石川セリ	にくまれそうなNEWフェース	麻生祐未	にくまれそうなNEWフェース	吉川晃司
	秋	水・金・地・火・木・土・天・冥・海	楠本裕美	メトロポリスの片隅で	松任谷由美	祐子のかくし色	古手川祐子	Love　かくし色	森下達也
86	春	色・ホワイトブレンド	中山美穂	色・ホワイトブレンド	中山美穂	口紅を選ぶとメイクが決まる	沢口靖子	くちびるNetwork	岡田有希子
	夏	肌呼吸	エレン	BAN BAN BAN	KUWATA BAND	ちょっとやそっとじゃくずれない	鈴木保奈美	ちょっとやそっとじゃくずれない	中村あゆみ
	秋	ツイてるねノッてるね	中山美穂	ツイてるねノッてるね	中山美穂	KAかGUぐYAや姫。	沢口靖子	STAY WITH ME	ピーター・セテラ
87	春	くちびるスウィング	桐島かれん	くちびるスウィング	小林明子	水のルージュ。	小泉今日子	水のルージュ	小泉今日子
	夏	センサー一式ファンデーションの夏	春田紀尾井	椿姫の夏	早瀬優香子	くずれるものならくずしてごらん	西山由美	くずれるものならくずしてごらん	CLAXON
	秋	アイメークちょっとクラシックかなりロマンティック	中川安奈			KAかGUぐYAや姫。	沢口靖子	STAY WITH ME	ピーター・セテラ
88	春	ほら、似合うライブリップの赤	今井美樹	恋のライブリップ	Zuma Band	吐息でネット。	南野陽子	吐息でネット	南野陽子
	夏	とにかく、仕上がりサラリです	土屋里織	GO AWAY BOY	Princess Princess	夏はC。	浅香唯	C-Girl	浅香唯
	秋	技ありイッポン、新アイシャドー	今井美樹	彼女とTIP ON DOU	今井美樹	眉とシャドウ。ん、色っぽい。	工藤静香	MUGO・ん…色っぽい	工藤静香

3 商品訴求プロモーションの時代

八〇年代後半、花王ソフィーナが商品訴求中心のTVコマーシャルを行うようになり、資生堂やカネボウも影響を受けました。

花王ソフィーナの登場

八〇年代後半は花王ソフィーナ*が全盛の時期でもありました。花王ソフィーナは資生堂などの制度品化粧品を研究し尽くして開発されたブランドでした。

花王は、当時の制度品化粧品のブランド数が増えて、広告量が分散していたところを突いて、年代別ラインはあっても、「ソフィーナ」のワンブランドに広告を集中投下しました。また、美容部員は多く抱えず、GMSなどを中心に配置、資生堂やカネボウで美容部員人件費にコストがかかるぶんを、テレビコマーシャルに投下する戦略を採りました。当時、花王はカネボウを上回り、資生堂に告ぐ宣伝量でした。

また、ソフィーナのテレビコマーシャルは画期的でした。卵の表面にファンデーションを付けるコマーシャルでは、リキッドファンデーションとパウダーファンデーションを重ね塗りして、重ね塗りした方が綺麗に付くことを訴求しました。セルフで二つのタイプの商品を、顧客に購入させることを促進したのでした。

そして、これらが奏功してソフィーナの売上増となりました。流通からの評価も高く、こういった直接的な商品コマーシャルを望む声も多くなりました。

ソフィーナの登場は、イメージ宣伝が影を潜め、商品の効果を直接訴求するプロモーションに代わるきっかけとなったのです。

＊花王ソフィーナ　1980年、化粧品業界に参入した花王の化粧品ブランド。

89～93年キャンペーン　資生堂vsカネボウ

年		資生堂				カネボウ			
		タイトル	モデル	曲名	歌手	タイトル	モデル	曲名	歌手
89	春	あぶないぬくもり、ロゼカラー	中山美穂	あぶないぬくもり、ロゼカラー	中山美穂	欲しい色。きっと見つかる。70colors	鈴木保奈美	セブンティ・カラーズ・ガール	稲垣潤一
	夏	さらりがよろしい	宮崎萬純	ニーニャ・モレーナ	ジプシー・キングス	化粧なおし、しない、しない、ナツ。	大塚寧々	Return to Myself～しない、しない、ナツ	浜田麻里
	秋	レシェンテのラズベリーレッド	工藤美笛			微妙なタッチ。…花粒入りアイカラー	麻生裕未	MISTY－微妙に－	氷室京介
90	春	オランジェ・デ・キドル	宮沢りえ			くちびる90年色。ルージュ'90	ジュリー・ドレフィス	君のキャトル・ヴァン・ディス	スターダスト・レビュー
	夏					トレンドは白	鈴木保奈美	白いMY LOVE	栗林誠一郎
	秋	レディブラウンを探せ	宮沢りえ			ジュエリー効果のメイクアップGOLD'90	斉藤有紀子		
91	春	くちびる、さんごピンク	工藤美笛			ティスティモピンク7	杏里	Sweet Emotion	杏里
	夏					ビューTゾーン	水野真紀	LADY NAVIGATION	B'z
	秋	たわわなAKAなかなか	工藤美笛			ティスティモブラック・アイズ	杏里	嘘ならやさしく	杏里
92	春	紫だちたる、モーヴのくちづけ	牧瀬里穂			食べてもきれい。キスでもきれい。恋口紅	大塚寧々		
	夏					毛穴がキュッキメがキュッ。	水野真紀		
	秋	Missフローズンカラーと、Niceアイライン	牧瀬里穂			「落ちにくい」に「うるおい」が味方する	大塚寧々		
93	春	春、ウラハラのベイビーリップス	牧瀬里穂	ベイビーリップス	麻倉晶	ルージュは機能で選ぶ時代になった。食事をしても、落ちにくい口紅。リップクリーム、いらない口紅。	大塚寧々		
	夏					夏の新顔、ソフトファンデーション。	鈴木保奈美、川合千春	スウィート・ソウル・レビュー	ピチカート・ファイブ
	秋	夢のルージュ。トゥルーラスティング効果	吉田美和	go for it!	DREAMS COME TRUE	あのティスティモが、こんどは色を進化させた。	大塚寧々		

【ソフィーナの多ブランド化】 花王ソフィーナは、現在はオーブ、ベリーベリーなど、多ブランド化戦略となって、1ブランドの力が低下することになった。

4 雑誌広告へのシフト

商品の効果効能を訴求する広告が求められるようになり、ブランド数も増えると、広告宣伝は女性誌にシフトしていくようになりました。

効果効能の訴求へ

九〇年代に入ると制度品各社のブランド数はますます増えていきました。また海外ブランドや国産アウトオブブランドなど、百貨店ブランドもどんどん増えていきました。一方で、広告プロモーションはイメージ中心の広告宣伝より、商品の効果、効能を訴求した方が支持される時代になってきました。

九〇年代前半の「落ちない口紅*」戦争が好例です。カネボウがテスティモで「落ちない口紅」を開発し、各社が対抗して同様の商品を開発して、広告宣伝を行いました。モデルやキャンペーンカラーよりも、自社商品に効果効能があることをいかに訴求するかが、勝負のポイントとなりました。

雑誌広告への移行

このように、効果効能を訴求するプロモーションが望まれるようになると、テレビによる一五秒の訴求よりも、むしろ紙媒体で詳しく訴求した方が適していると考えられるようになります。

また、ちょうどその頃は、ターゲット層を明確にした女性誌が次々に発刊されるようになった時期で、化粧品のブランド数も増え、年代別ブランドやライフスタイル別ブランドなどが開発されていき、化粧品ブランドは、ターゲットを明確にした女性誌とリンクするようになりました。

また、ブランド数が多くなり、ブランドごとに細分化した宣伝をしたいと思っても、テレビでは広告宣伝費

＊落ちない口紅 1992年春、カネボウが「テスティモ」を発売。1992～96年には各社が同様のコンセプトで商品を発売した。

が高すぎると諦めた化粧品会社も、雑誌広告であれば手頃だと考えるようになりました。

化粧品会社は、商品の効果効能を説明するために雑誌広告を活用し始めました。特にタイアップ広告はよく用いられました。**タイアップ広告**とは、企業側が広告費用を出した広告ですが、制作は雑誌社が記事を書くように行う手法です。雑誌社側からの視点も入った記事広告ですので、商品を理解させるのにもたいへん効果的です。

このように、化粧品各社はテレビ広告から雑誌広告にシフトしていったのですが、これは雑誌社側から見ても好都合でした。九〇年代はアパレル不況が始まった時期で、いままで一番の広告主だったアパレル企業が広告宣伝費をカットしている時期でもあったからです。この頃、化粧品の雑誌広告へのシフトの時期と重なり、女性誌の広告は化粧品中心に変わっていきました。

化粧品記事は、女性誌の中でもいつも人気コーナーでしたから、各誌少しずつ化粧品記事を増やし、さらに、『VOCE』『美的』*などのコスメ専門誌も創刊されるようになり、人気を博していきました。

TV広告と雑誌広告のメリット、デメリット

	TV広告	雑誌広告
メリット	・ブランド名やキャンペーン名を短期間に広い層に訴求できる。	・ターゲット層に対して商品やブランドのコンセプトを訴求できる。 ・コストが安い。
デメリット	・商品の詳しい情報が伝えられない。 ・コストが高い。	・雑誌を読まない層には訴求できず、ボリュームにならない。

*『VOCE』 講談社が発行する女性誌。毎月23日発売。11-8節参照。
*『美的』 小学館が発行する女性誌。毎月23日発売。11-8節参照。

5 サンプル配布プロモーション

商品の効果効能を伝えるプロモーションは、究極の手段として試供品サンプルの無料配布に移っていきました。

サンプルプロモーションの背景

食の変化、環境の変化などで肌が弱くなっている人が増えています。自称敏感肌という人も含めると、約七〇％もの人が「自分は敏感肌である」と感じています。

また、「年齢によって自分の肌は変わっていく。自分にもっと合う効果のある化粧品を探している」という人もたくさんいます。ということは「もっといい化粧品を探しているのだけれど、自分は肌が敏感だから簡単にはブランドスイッチできないわ」と考えている消費者が多いといえます。

そこで化粧品会社各社は、数回ぶんの小さな試供品サンプルを無償で配布して、「ご自分の肌に合ったならご購入ください」というプロモーションを始めました。

このプロモーションは効果絶大で、各社こぞってプロモーションに取り組むようになりました。スキンケア商品をブランドスイッチしたユーザーの購入理由を調査すると、「サンプルを使ってみて良かったから」という答えが必ず上位に上がってきます。

通販化粧品のサンプル配布

九〇年代後半になるといくつもの通販化粧品会社が出てきました。通販化粧品会社は多くの場合、無名の会社です。大手化粧品会社にはイメージや広告宣伝では太刀打ちできません。しかし、「自分は敏感肌」という人も、イメージの良い大手化粧品会社の製品だからかぶれないとは思っていません。敏感肌の人にとって

【サンプルゲッター】 サンプルの収集のみを目的とした人をいう。メーカーにとっては、いかにサンプルゲッターを排除するかという工夫が必要である。

は、大手であろうと無名のメーカーであろうと関係ないのです。「かぶれなくて、自分の肌に合えばいい」と考えているだけです。ここに大きなビジネスチャンスがありました。

通販化粧品各社は、希望者にサンプルを届けるというプロモーションを展開し始めました。再春館製薬＊は無料お試しセットのプレゼントをテレビで大々的に告知しました。ＤＨＣも各所で無料のサンプルを大量配布し始めました。

この通販化粧品会社のサンプルプロモーションに影響され、制度品化粧品会社や百貨店ブランドの化粧品会社も、サンプルを配布するプロモーションにシフトしていくようになります。特にスキンケアブランドにおいては、宣伝よりむしろ、サンプル費用にコストを掛けるようになってきました。

このように、七〇年代、八〇年代のイメージ訴求型プロモーションは息を潜め、商品の効果効能を訴求、そして直接的なサンプル配布という手段に変わっていきました。

サンプルへのニーズ調査

Q.新しい化粧品を購入する際、あなたはサンプルが必要ですか?

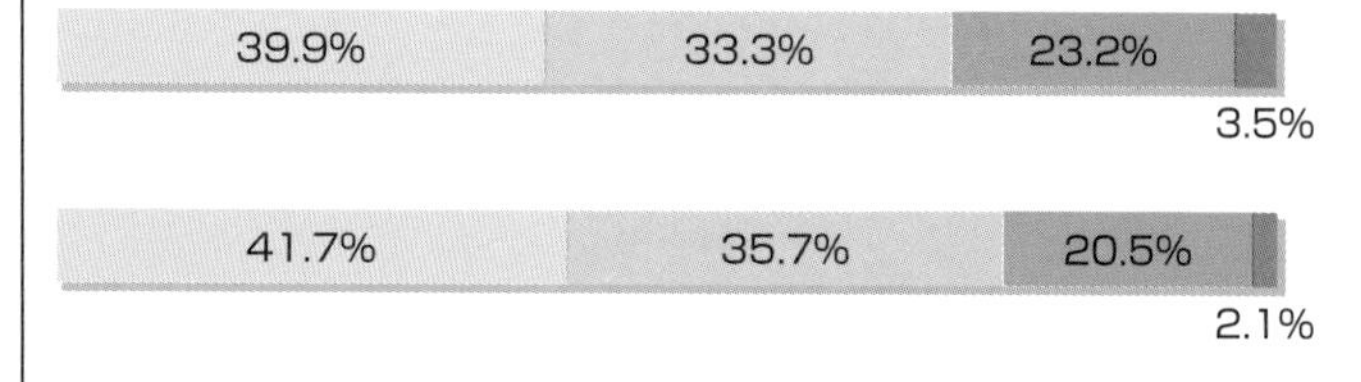

「イサイズ調査2002」より(サンプル数=14276)

＊再春館製薬　熊本市で1932年に設立。ブランド名は「ドモホルンリンクル」。売上高295億円(2019年3月期)。

6 薬事法の広告規制

化粧品の効果効能の表現方法は薬事法で決められた範囲内でしか表現できません。広告担当者は、この範囲内で効果のありそうな表現を開発します。

薬事法の広告表現の範囲

化粧品の広告プロモーションを語る上で、**薬事法***の広告規制は避けて通れない問題です。

前述のとおり、化粧品プロモーションの広告はイメージ訴求中心から、商品の効果効能の訴求中心に移ってきました。イメージ訴求のキャッチフレーズの時代は問題になりませんでしたが、効果効能を訴求するキャッチフレーズを作ると、薬事法の広告規制に抵触する場合が少なくありません。

次ページの表は、化粧品が薬事法で許されている範囲内の表現です。つまり、化粧品は「肌を健やかに保つ」ものでしかなく、それ以上の効果効能があってはならないものです。もし、本当に効果のあるものであれば、それは化粧品ではなく、医薬品や医薬部外品として申請しなければなりません。

建前上、化粧品に許された効果しかないものが化粧品ですから、広告表現も、それ以上の効果があるように表現してはなりません。

化粧品会社の工夫

このような条件のもと、化粧品メーカーは他社よりも効果がありそうな表現で、かつ薬事法に抵触しないような工夫をしています。

例えば、塗るだけで痩せる化粧品が一時ブームになりました。化粧品には建前上「痩せる」効果はありません。実際に痩せる効果があったとしても、そのことを告知するだけで薬事法違反です。そこで、「お腹が気に

***薬事法**　保健衛生の向上を図ることを目的とした、医薬品、医薬部外品、化粧品、医療器具の品質、有効性および安全性確保のための法律。

なる人に…」で表現を止めたりします。「気になる人」をどうするとはいっさい言っていません。さらに「引きしめる化粧品」と表現します。化粧品には「肌をひきしめる」、つまり、毛穴を引き締める効果の表現は許されるので、「肌をひきしめる」表現を利用して、「引きしめる化粧品」と思わせています。

この薬事法は、文書だと摘発されやすいのですが、口頭で言うぶんには摘発されにくいので、店頭販売や訪問販売の接客時には、効果効能を話しているのが現実です。またアウトローの化粧品会社では、薬事法の規制をいっさい無視した表現が横行しています。また、化粧品業界で仕事をしている人の中にも、広告表現方法に規制があること自体を知らない人もいます。そんな人が認識不足で表現していることもよく見受けられます。

大手化粧品会社にとって、薬事法を遵守して広告表現を考えることは社会的にも当然のことです。そこで化粧品の宣伝部やコピーライターは日夜コピーを考えていますが、実際に他社と差別化した表現方法を考案するのは難しいことです。

薬事法で認められている化粧品の効能効果の表現範囲

- （汚れを落とすことにより）皮膚を清浄にする。
- （洗浄により）ニキビ、アセモを防ぐ（洗顔料）。
- 肌を整える。
- 肌のキメ＊を整える。
- 皮膚をすこやかに保つ。
- 肌荒れを防ぐ。
- 肌をひきしめる。
- 皮膚にうるおいを与える。
- 皮膚の水分、油分を補い保つ。
- 皮膚の柔軟性を保つ。
- 皮膚を保護する。
- 皮膚の乾燥を防ぐ。
- 肌を柔らげる。
- 肌にハリを与える。
- 肌にツヤを与える。
- 肌を滑らかにする。
- あせもを防ぐ（打粉）。
- 日やけを防ぐ。
- 日やけによるシミ、ソバカスを防ぐ。
- 芳香を与える。
- 爪を保護する。
- 爪をすこやかに保つ。
- 爪にうるおいを与える。
- 口唇の荒れを防ぐ。
- 口唇のキメを整える。
- 口唇にうるおいを与える。
- 口唇をすこやかにする。
- 口唇を保護する。口唇の乾燥を防ぐ。
- 口唇の乾燥によるカサツキを防ぐ。
- 口唇を滑らかにする。

＊キメ　肌表面を良く見ると、縦横に溝が走り、三角形が集まって模様を描いているように見える。この溝を「皮溝」、皮溝に囲まれている部分を「皮丘」というが、この皮溝と皮丘が作る三角形を「キメ」という。

7 インターネットプロモーションの現状

化粧品の広告宣伝においてもインターネットプロモーションは重要です。特にインターネット上ではアットコスメが存在感を示しています。

化粧品業界でも、今後はインターネットを使った広告宣伝が多くなることでしょう。

アットコスメの誕生

化粧品とインターネットについて語る上で、どうしても欠かせない話題は「アットコスメ」です。

アットコスメは、一九九九年に山田メユミ氏が主宰して立ち上げた**コミュニティーサイト***です。化粧品ユーザーの口コミを集めたサイトで、月間三・一億PV*、月間ユニークユーザー一六〇〇万、口コミ数一五〇〇万以上(二〇二〇年現在)の人気を誇っています。いずれのメーカーにも影響されない、中立的立場を保つことをポリシーとしています。

インターネット広告の時代

インターネットの時代が訪れ、化粧品のセールスプロモーションとして、新しい手法がいろいろと開発されました。どの化粧品ブランドも自社のホームページを持っており、それらは、ブランドイメージを表現するデザイン性の高いサイトに仕上がっています。いまや化粧品会社に限らず、自社ホームページを充実させ、ホームページから愛用者の獲得を図るのは、当然の広告手段となっています。

自社ホームページへ誘致する広告としてポピュラーな手法に、**バナー広告***や**メール広告**があります。誘致した見込み客にサンプルを試用させるキャンペーンなどを行っている会社もあります。

＊バナー広告 Webページ上に宣伝などの目的で置かれる小さな見出し画像。メーカーや商品のWebサイトにリンクされている。

＊コミュニティーサイト ネットワーク上での情報交換を目的としたWebサイトの総称。チャットや掲示板などの各種サービスがある。

多くの化粧品ファンが訪れますので、化粧品メーカー各社は、アットコスメを広告宣伝のための媒体として利用するようになりました。まったく無名のブランドがアットコスメの口コミによって大ヒット商品になる事例も数多く生まれました。

またアットコスメには、化粧品に対するユーザーからの生の情報が集まってきます。POSのような購入時点情報ではなく、今後売れる見込みの情報が詰まっていますので、マーケティングリサーチや共同での商品開発に取り組むメーカーも出てきました。

さらに、アットコスメは、リアル店舗での展開も開始しました。二〇〇七年には新宿のルミネエストにアットコスメでの人気商品を取り扱うアットコスメストアを開業し、その後店舗を拡大*しています。さらに海外店舗を広げています。コスメコムという通販サイトも持っており、アットコスメの人気商品を通信販売しています。

サロン予約サイトの運営や化粧品業界における人材紹介事業、メイク動画サイトの運営など多岐にわたって事業を広げています。

@cosme のビジネスモデル

*PV　Page Viewの略。**ページビュー**ともいう。Webページのアクセス数の単位。サイト中の1ページを表示することを「1ページビュー」という。

*…を拡大　4-7節を参照。

8 インフォマーシャルの活用

通販の新しいプロモーション手法としてインフォマーシャルという方法が注目されています。

インフォマーシャルとは

化粧品プロモーションの最近の成功事例としては、インフォマーシャルという手法があります。

インフォマーシャルというのは、テレビ局が時間枠をすべて企業側に買ってもらい、その時間枠内で企業が自社商品の宣伝をして、購入促進のプロモーションをするという手法です。

テレビの地方局の場合は、キー局から番組を購入するか、自社で制作しなければなりませんが、視聴率が高く、スポンサーが付かなければ、番組制作の採算はとれません。不況の影響で、地方局の昼間の番組などにはスポンサーはなかなか付きません。かといって番組を流さないわけにもいきません。そこで考え出されたのがインフォマーシャルです。三分、一五分、三〇分、六〇分などの番組枠を企業に売ろうというものです。局にとっては制作費もかからず、確実に収益が上がります。インフォマーシャルを制作する専門の制作会社*もあります。番組で商品の良さを説明し、たいていはその場で通信販売を行います。化粧品の場合、薬事法の規制がありますから効果効能はうたえません。そこで、顧客の実体験などを話してもらうことが通例になっています。

インフォマーシャルの事例

このインフォマーシャルを多く使っているのがヴァーナルです。ヴァーナルはファンケルやＤＨＣなどと並ぶ、通販化粧品の草分け的企業です。ファンケルやＤ

***専門の制作会社**　インフォーマーシャルを制作する専門の会社もあり、売上を上げる独特のノウハウを持っている。

HCなどの、カタログによるプロモーション中心とは異なり、テレビによるプロモーションを中心にしています。創業当初は、当時大人気のシャロン・ストーンを使ったコマーシャルで話題になりました。

　インフォマーシャル枠（化粧品会社や健康食品会社の間で人気があるため、枠を取るのは難しい）は首都圏などのキー局にはありません。ですから地方局を中心に、ヴァーナルは三〇分や六〇分の自社製作した番組を流しています。番組内容は、自社商品がいかに他のメーカーと違って素晴らしいものであるかを、社長自らが説明しています。社長のまわりには、数人のタレントが取り囲んで商品を試用し、体験を話します。

　インフォマーシャルを、プロモーションとしてよく使用する健康食品会社の担当者に話を聞いたところ、会社は一回のインフォマーシャルに一五〇〇万円投下して、一二〇〇万円の売上があるそうです。つまり、投下した金額の八〇％の売上が取れるそうです。その会社の商品は、リピート率が高いので、その後、継続して購入するユーザーが多いため、八〇％の投資回収率でも十分に採算が合うようです。

某地方局 2019 年春 基本番組表

<table>
<tr><th></th><th>月</th><th>火</th><th>水</th><th>木</th><th>金</th><th>土</th><th>日</th></tr>
<tr><td>5</td><td colspan="4">インフォマーシャル</td><td></td><td colspan="2">インフォーマーシャル</td></tr>
<tr><td>6</td><td colspan="4">テレビショッピング</td><td></td><td colspan="2">テレビショッピング</td></tr>
<tr><td>7</td><td></td><td></td><td></td><td></td><td></td><td></td><td></td></tr>
<tr><td>8</td><td colspan="4">お茶の間ショッピング</td><td>テレビショッピング</td><td></td><td></td></tr>
<tr><td>9</td><td></td><td></td><td colspan="2">テレビショッピング</td><td></td><td></td><td></td></tr>
<tr><td>10</td><td colspan="4">テレビショッピング</td><td></td><td>インフォマーシャル</td><td></td></tr>
<tr><td>11</td><td></td><td></td><td></td><td></td><td></td><td></td><td></td></tr>
<tr><td>13</td><td></td><td></td><td></td><td></td><td></td><td></td><td></td></tr>
<tr><td>14</td><td colspan="4">インフォマーシャル</td><td></td><td>テレビショッピング</td><td></td></tr>
<tr><td>15</td><td></td><td></td><td></td><td></td><td></td><td></td><td>テレビショッピング</td></tr>
<tr><td>16</td><td colspan="2">インフォマーシャル</td><td></td><td colspan="2">テレビショッピング</td><td>テレビショッピング</td><td></td></tr>
<tr><td>17</td><td></td><td></td><td></td><td></td><td></td><td></td><td></td></tr>
<tr><td>18</td><td></td><td>テレビショッピング</td><td></td><td colspan="3">テレビショッピング</td><td></td></tr>
<tr><td>19</td><td></td><td></td><td>テレビショッピング</td><td></td><td></td><td></td><td>テレビショッピング</td></tr>
</table>

9 新しいインターネットプロモーション

インターネットプロモーションとして効果のある手法で人気があるのは、スポンサーサイトとアフィリエイトプログラムです。

リスティング広告

インターネット広告として、最近、バナー広告やメール広告以上に効果があるとされているのはリスティング広告です。**リスティング広告**とは、特定のキーワードの検索結果ページに広告主の広告を表示させるサービスです。Ｙａｈｏｏ！ではオーバーチャー、Googleではアドワーズが提供しています。例えば、「にきび」と検索した人を、にきび対応商品のサイトに誘導することができます。

検索数の多いキーワードに登録するには、より多くのコストがかかる仕組みになっていますが、効果的なプロモーションとして人気のある広告手法です。

アフィリエイトプログラム

スポンサーサイトと並び、人気がある手法にアフィリエイトプログラムがあります。

アフィリエイトプログラムとは、ブログやホームページ運営者が、自分のサイトに広告主であるEC＊サイトの広告を掲載し、自分のサイトを経由して広告主のＥＣサイトから購入したユーザーがいれば、その成果に応じて広告収入が得られるというシステムです。

通販化粧品会社は、お試しセットの購入についてこのアフィリエイトプログラムを活用しています。一〇〇〇円程度のお試しセットを自分のサイトで宣伝し、自分のサイトへの来訪者を通販会社のサイトに誘導し、購入に結び付いた場合、アフィリエイトサイトを経

＊EC　Electronic Commerceの略。**電子商取引**、または**eコマース**ともいう。インターネットを通じた商取引の総称。

由して通販会社から報酬を受け取れます。

通常は販売価格の一〇~三〇%前後ですが、通販化粧品会社のお試しセットの場合、販売価格の一〇〇%以上*の報酬を与えている会社もあります。

リターゲッティング広告

一度検索したことのあるサイトの広告がその後何度も表示されるという経験はないでしょうか? これはリターゲッティング広告という手法で一度サイトに訪れたユーザーに広告を配信する手法です。一度興味を持ったことのあるユーザーですので再度訪問することが多く有効な広告手法といわれています。

ブロガーの活用

ブロガーに商品の感想を書いてもらうこともほとんどの化粧品会社が行っています。特に影響力のある有名ブロガーや人気モデル、読者モデルに掲載費用を支払って、商品の感想を書いてもらいます。PVの多いブロガーは一回の記事で数十万円取るようなこともあります。この手法は化粧品に限らず多くの業界で行われています。

アフィリエイトプログラムの仕組み

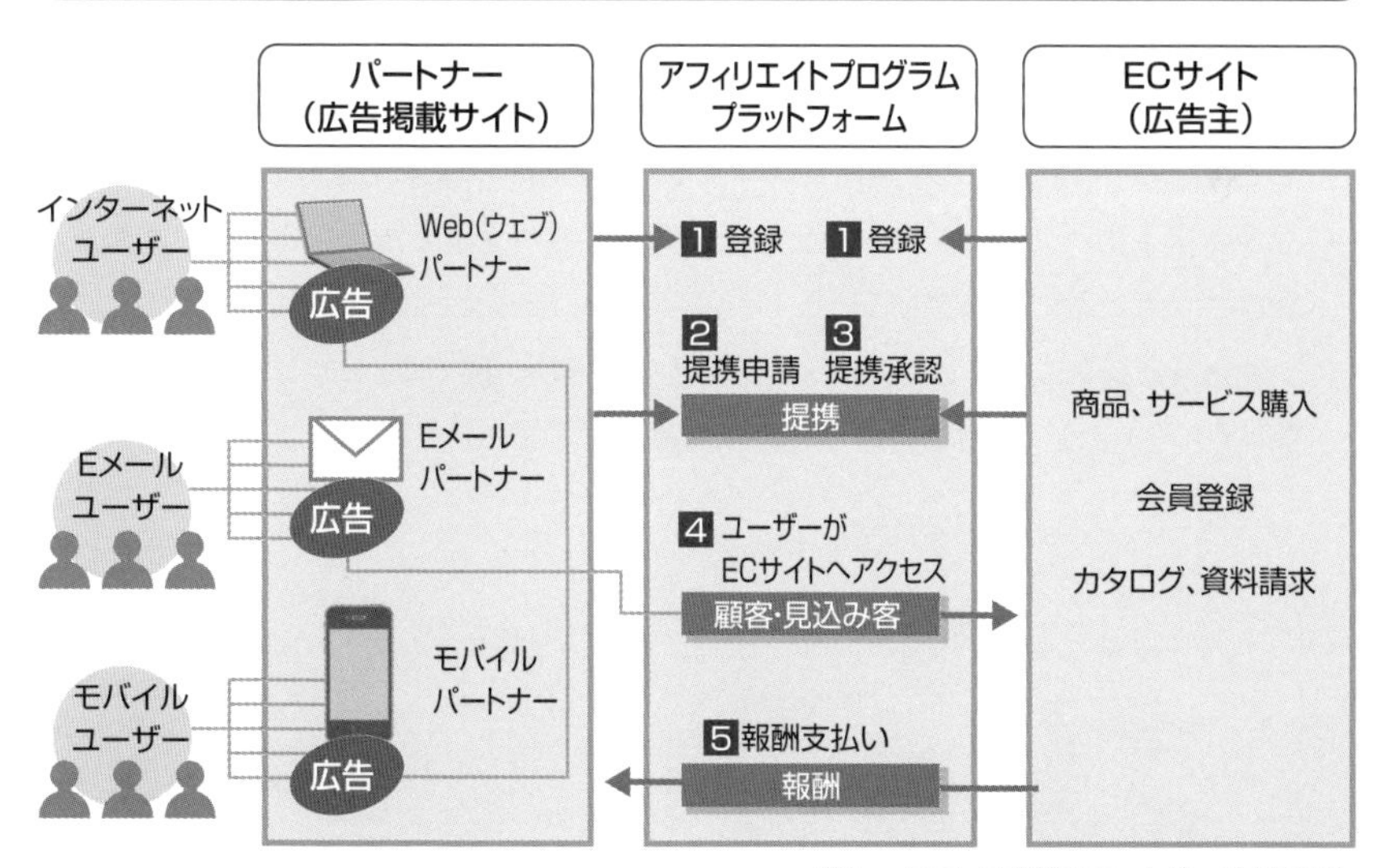

バリューコマース(株)のホームページより引用。

*…100%以上　つまり1000円のサンプルセットの販売に協力してくれたアフィリエイターに1000円の報酬を支払う。

ジャパンゲートウェイ

4年前に本書の第4版を執筆した際、コラムに注目される高伸長の化粧品会社として「ジャパンゲートウェイ」を紹介しました。

ノンシリコンという特徴を全面に押し出し、「Reveur」などの主力商品を販売しました。有名芸能人を起用したTVCFを大々的に流して「1.5秒に1本売れているノンシリコンシャンプー」として一大ブームを巻き起こしました。

2013年期の売上は217億円にまで売上を伸ばしていました。この状況で私はこの会社はもっと売上を伸ばすと予想していました。

ところが私の予想は大きく外れました。その後2014年に約3億円の所得隠しを指摘され、重加算税を含む追徴税1億円の支払いを余儀なくされ対外的な信用が悪化しました。経営陣の派手な生活ぶりも取引先から指摘されました。

そして、大手化粧品会社が次々とノンシリコン製品を発売して追随され売上は大きく下降し、2016年には売上は81億円にまで下がりました。在庫は過多となり、大きな宣伝費が資金を圧迫し、資金繰りがうまくいかなくなります。

そして2017年、RIZAPグループへ譲渡されました。ですがRIZAPも立て直しはできず、2018年に破産手続き開始となりました。最終的には全株式がショップジャパンを運営するオークローンマーケティングの創業者が会長を務める株式会社萬楽庵へ譲渡されることになりました。

化粧品ビジネスではプロモーションが重要な成功の鍵です。しかし積極的な広告展開は「もろ刃の剣」となるという典型的な事例でしょう。

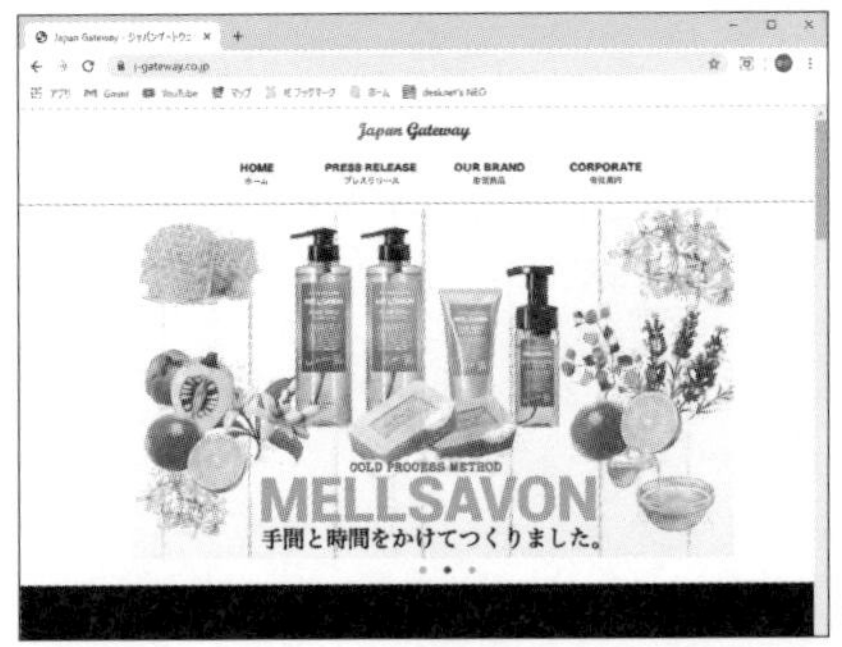

◀ジャパンゲートウェイ

化粧品業界で働く人々

化粧品業界における仕事は、商品開発・製造グループの仕事、マーケティングに関する仕事、営業グループの仕事に大きく分けられます。

1 化粧品業界の仕事と組織

化粧品ビジネスは会社組織中心のビジネスです。組織は商品開発・製造、マーケティング、営業の三つのグループに分かれます。

化粧品業界の仕事の特徴

この章では、化粧品業界のそれぞれの分野で働く人たちの仕事について解説します。

化粧品業界には、フリーランスで仕事をしているような人はあまりいません。これはファッション業界と比較してみるとよくわかります。

ファッション業界は制作面でもデザイナーやパタンナーなど、流動的に企業間を越えて人材が動きます。フリーランスがプロジェクト的に集結して、新しいブランドを作るということも容易です。つまり、自分自身のスキルをもとに、企業の枠を越えて横串に仕事をしていく業界です。

しかし、化粧品業界には企業を越えて横串で仕事をしている人はあまりいません。社内で仕事を内製するケースが多く、アウトソーシングもあまり活発な業界ではありません。フリーランスがいたとしても、ある会社にほぼ専属で仕事をしています。外資系の語学優先で異動している人を除いて、企業間の異動も他の業界に比べて少ないのです。

これは、化粧品業界がアパレルのように個人中心ではなく、会社組織中心の業界であることが理由といえます。アパレルなら自分で洋服を数点作り、自分自身で販売していくことも容易ですが、化粧品の場合、個人レベルで製造から販売まで行うことは困難です。化粧品ビジネスは、仕事ごとに専門の担当者をまとめ上げ、組織化して進めるビジネスです。企業内に専門人材を確保して育成するのが一般的です。

＊…の三つに分かれ　化粧品業界の仕事を説明するために、筆者が便宜上行った分類。

化粧品会社の組織

化粧品会社の組織は、大きくは商品開発・製造グループ、マーケティンググループ、営業グループの三つに分かれ＊ます。商品開発・製造グループには、商品開発、研究開発、製造などの部署の人たちが入ります。マーケティンググループには、マーケティング、宣伝、販促、PRなどの部署の人たちが入ります。営業グループには、営業社員、美容部員、教育担当者などが入ります。

大手制度品会社では、この三つのグループはすべて重要視されています。しかし、外資系化粧品会社のように、商品開発・製造は本国で行うような企業では、マーケティング、営業の部署が中心です。OEM＊会社（相手先ブランド製造会社）などは、商品開発・製造と営業が中心となります。ユニークな商品を開発して一般品流通で販売しているような会社は、商品開発とマーケティングの部署だけで運営していることもあります。このように、会社の性格により、三つのグループの社内での重要性は異なります。

化粧品会社の組織

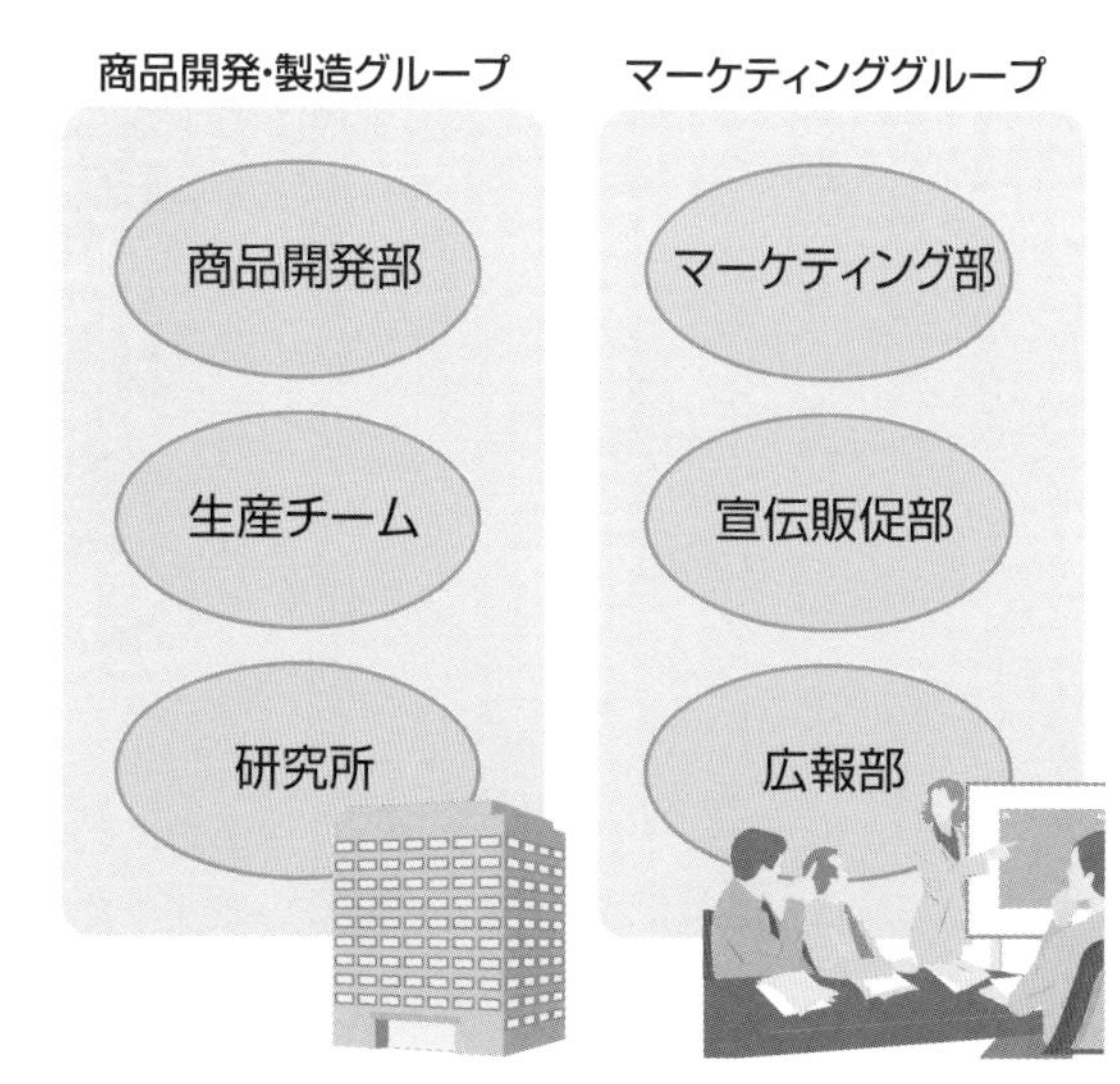

＊OEM　Original Equipment Manufacturerの略。

2 商品開発部の仕事（情報収集）

メーカーが生き残るには、市場のニーズに適った新商品の開発が重要です。そのために、市場動向を十分に知っておく必要があります。

新商品の開発

最初に商品開発・製造グループの仕事について説明します。メーカーは自社の作った商品を売って利益を上げることが目的ですから、商品を作ることが最初の第一歩です。

何年も新しい商品を作らず、同じ商品を売り続けている会社もあります。しかし、ほとんどは時代や消費者のニーズに沿って、最新の技術を採り入れた商品を市場に投入しています。消費者の多くは新しい、より性能のいい商品を求めています。旧商品の販売だけに固執している企業は、徐々に売上を落とし、最後には行き詰ってしまいます。

化粧品はとても競争の激しい業界ですから、ある会社が優れた商品を開発したとすると、他のライバル会社がすぐにより良い商品を開発してきます。そして、さらにより良い商品を生み出そうと、化粧品会社の研究員は日夜努力しています。

化粧品会社に原料を供給する会社も、より効果のある成分を含んだ原料をメーカーに届けようと努力しています。現状の商品を売り続ければいいと考えていたら、ライバル会社にどんどんと置いて行かれるだけです。

商品開発・製造グループを担当するものは、常に最新技術や情報に触れ、市場の動向やライバル会社の商品を分析し続けなければなりません。そして、あるカテゴリーでビジネスチャンスが広がったら、すぐに対応できるように準備が必要です。

情報収集

商品開発部で仕事をする者の使命は、新商品開発に関する、すべての業務のプロデュースやコーディネートです。

商品開発部員は、常に自分の担当分野の市場、例えば、ファンデーション担当であれば、ファンデーションの市場について常に市場動向を監視し、分析していなければなりません。顧客ニーズの変化、商品タイプ別*の売上推移、販売現場からの生情報、同業他社の売上動向、同業他社の次シーズンの新製品情報、新しい技術の動向、行政*や学会*を含めた業界全体の動き、こういった動きについて、担当分野に関しては社内の誰よりも知らなければなりません。

筆者は数年間、カネボウで商品開発をしていました。当然、ライバルの資生堂の商品をよく研究していました。後年、カネボウを退社したあと、資生堂の商品開発の担当者と話をする機会がありました、筆者が資生堂商品のことを資生堂社員以上に知っていたので、担当者に驚かれました。

商品開発部員が知っておくべき情報

*商品タイプ別　例えば、ファンデーションであれば、パウダーファンデーション、リクィドファンデーション、クリームファンデーションなどのタイプ別に管理される。

*行政　ここでは主に厚生労働省、経済産業省の動き。

*学会　ここでは主に皮膚医学学会、薬事会など。

3 商品開発部員の仕事（コンセプトづくり）

商品開発部員にとって最も重要な仕事はコンセプトづくりです。市場ニーズのあるコンセプトを研究所に対して示し、商品開発はスタートします。

コンセプトづくり

商品開発部員は担当市場の動向を常に分析し、新商品投入のタイミングを図ります。

自社の主力商品の売上が鈍化する時期、他社の主力商品のリニューアルの予測時期、そして自社研究所の新しい技術を世に出せる時期などから計画します。

新商品発売の大筋の合意が社内で認められると、商品開発のコンセプトが検討されます。このコンセプトの検討が、商品開発の仕事で最も重要な仕事です。

まずは顧客ターゲットの決定です。どんな顧客に向けて商品を出すのかを明確にします。例えば、二〇代前半に向けた商品であるとか、シワに悩む人に向けた商品、などのようにターゲットを明確にします。もちろん、ターゲット顧客がどれくらいの市場規模で存在するのか、ライバル社の同様商品のターゲットとどう違うのか、などの細かい分析がベースとして必要です。そして、ターゲットとなる顧客に、この化粧品はどんな価値を与えられるのか、ということが商品のコンセプトです。

例えば、ファンケルの無添加化粧品*のターゲットは、「自分は敏感肌である」と思っている人です。市場の可能性としては、自分が敏感肌だと思っている人は全体の七割いて、他社もまだ本格的に取り組んでいない分野なので、可能性大ということになります。コンセプトは「肌に害になる成分がいっさい入っていないので、お客様に安心してお使いいただける」となります。つまり、化粧品のコンセプトとは、顧客のどんな要

＊…の無添加化粧品　ファンケルが開発した防腐剤などの、表示指定成分をいっさい加えない化粧品シリーズ。

望にどう応じるのか、ということです。

研究所への開発依頼

このコンセプトが明確になったら、商品開発部員は研究所員にコンセプトを伝え、開発を依頼します。ターゲットやコンセプトが明確であれば、研究所員の仕事もやりやすくなります。かなえる効果が明確であれば、そういった効果を出す成分を見極め、配合すればよいのです。

例えば、「この商品は敏感な肌の人に向けた商品で、お客様にいっさいトラブルは与えない」となっていたら、研究所員は安全性を最優先に処方します。研究所員が処方を決める場合、「Aという成分を配合すれば、効果は上がるがコストも上がる」だとか、「もう少し効果を強めると、肌の弱い人にトラブルを起こす人が出るかもしれない」など、商品開発部員に判断を求めてきます。商品開発部員は決定したコンセプトに基づいて判断していきます。

化粧品コンセプトの事例

ファンケル無添加化粧品

ターゲット	自分は敏感肌と感じている人。
コンセプト	肌に有害な成分がいっさい入っていない化粧品シリーズ。

50の恵（ロート製薬）

ターゲット	50〜60代の女性。
コンセプト	50歳以上の女性の肌を考えた年齢化粧品。

M・A・C

ターゲット	メイクアップ高関心層。
コンセプト	米国のプロのメイクアップアーチストが使うアイテムを提供する本格メイクアップブランド。

RMK

ターゲット	20〜30代の一般の女性。
コンセプト	米国在住の日本人メイクアップアーチストが、日本の若い女性への使いやすさを追求した化粧品シリーズ。

4 商品開発部員の仕事(関連部署との連携)

商品開発部員は研究所、デザイナー、容器メーカー、製造工場などと連携を取って開発業務をコーディネートすることが仕事です。

研究所からの提案

商品開発部員から、研究所に依頼して新商品を開発するのとは別のケースもあります。研究所の仕事としては、商品開発部と連携して化粧品を処方*する部署以外にも、基礎研究をする部署、テーマ研究をする部署、安全性を試験する部署などがあります。

基礎研究やテーマ研究をする部署では、時代のニーズやトレンドに合わせた研究が行われています。市場の流行に流されるようなテーマではなく、例えば、「しわを伸ばすクリームの研究」「新しい美白製剤」などといった、女性の変わらないニーズに合わせたテーマの研究です。安全性を試験する部署では、これら様々な研究を安全性の面から厳重にバックアップします。

このような基礎研究をする部署、テーマ研究をする部署の研究成果から、新しい商品の提案が商品開発部になされるケースも、一方であります。

容器開発

商品開発部員にとっての実務の中心は容器開発です。最初に、商品コンセプトに合った提案ができそうなデザイナーを候補者の中から選定します。デザイナーに依頼する場合、商品のターゲットやコンセプトを理解してもらえるように、プレゼンテーションを十分にすることが重要です。提案されたデザインは社内で十分吟味して決定します。

デザインが決定したら、決定したデザインをもとに、容器メーカーに容器設計を依頼します。容器の金型を

***処方** 化粧品原材料を組み合わせて化粧品を作ること。

起こすのはとてもコストがかかりますので、なるべく出来あいの型やメーカーの持型を活用するように工夫します。日本の容器メーカーは吉野工業所*をはじめ、優秀な会社がたくさんあります。各社の技術やコスト面などを勘案し、適切なメーカーをセレクトします。

開発工程管理

製造工場との打ち合わせも行います。製造は自社製造工場を持っている場合と、他社に製造を委託する場合とがあります。大手化粧品会社といえども、低コストで製造する能力や、高い技術を持ったＯＥＭ会社に、製造を委託する場合が多いのです。

このように、商品開発部員は研究所、デザイナー、容器メーカー、製造工場などと連携をとって、新商品が製造されるまでのすべての業務をコーディネートしていきます。特にスケジュール管理は重要です。すべての工程がスケジュールどおりに運んでいるかどうかを慎重に管理します。

商品開発と他部門との連携

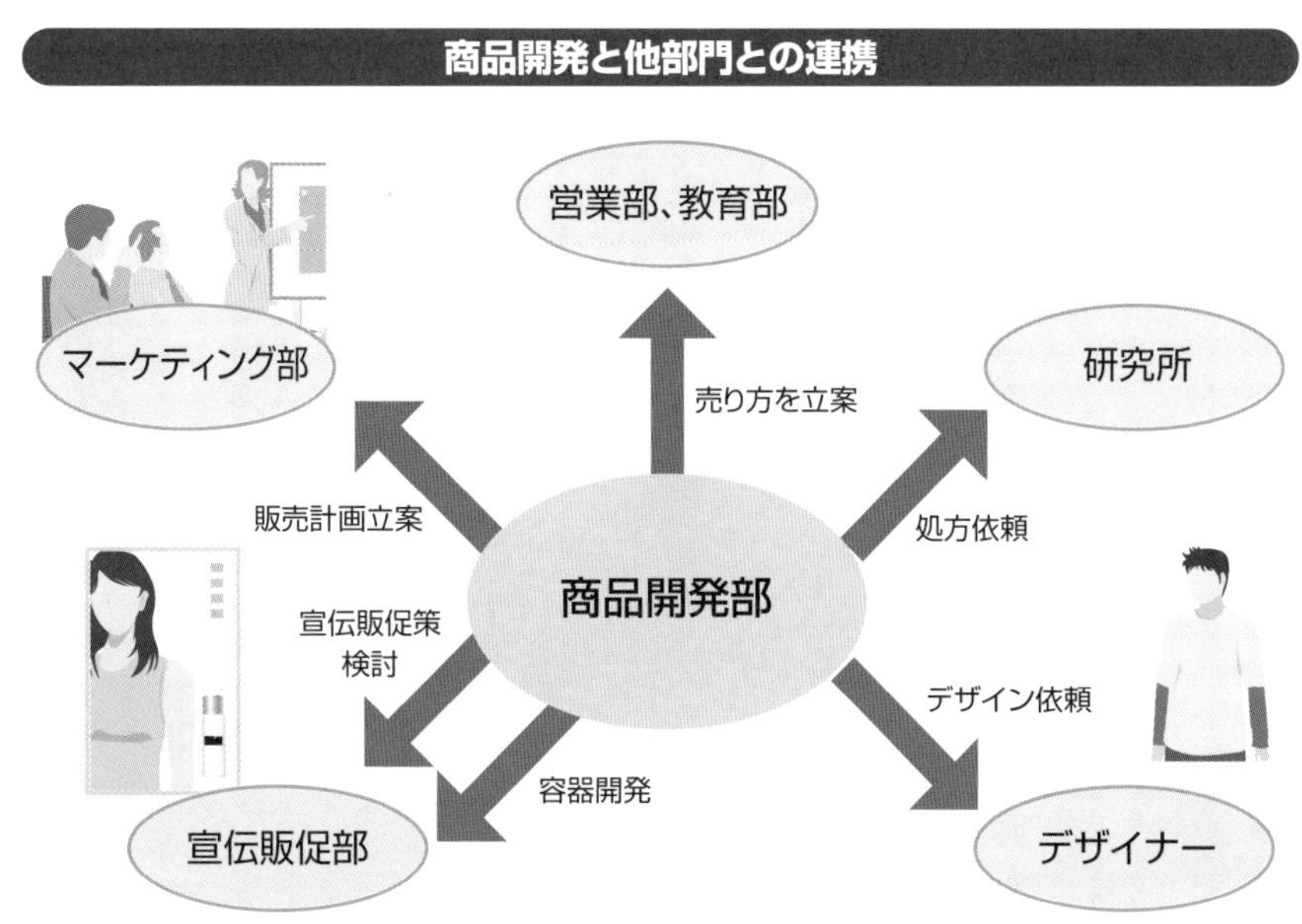

*吉野工業所　1935年創業。プラスティック容器メーカーの最大手。売上高2166億円（2019年）、従業員5342名。

5 マーケティング部の仕事

マーケティング部は販売全体の司令塔のような役割をする部署です。販売計画や販売戦略の立案をし、様々な関連部署との連携を図ります。

販売計画の立案

次にマーケティンググループの仕事について解説します。マーケティング部、宣伝部、販売促進部、広報部などの仕事です。

まず、マーケティング部の仕事について説明します。マーケティング部というと、企業によってはマーケティングリサーチを中心に行う部署をいう場合と、販売戦略全体を考える部署をいう場合とがあります。化粧品業界の場合は、主に後者が多いようです。

マーケティング部は、販売に関する業務全体の司令塔のような役割をする部署です。その年度においてどの商品をどれくらい販売するか、どんな戦略で販売していくか、どの流通を中心に販売するかを計画します。

その年度で販売する数量を決定することは、会社全体の利益計画ともつながっています。ですから、財務関係の部署や経営企画の部署とも連携を図っていく必要があります。販売計画は商品別計画、流通別販売計画、月度別販売計画、地域別販売計画など、様々な切り口から立てられます。

販売数量が決定すると、自社製造をしている会社であれば、生産チームに製造の依頼を行います。外資系企業のように、海外から輸入しなければならない場合は、発注業務を行います。発注後の納期確認や追加発注の依頼交渉などもマーケティング部の仕事です。

どのような戦略で販売するかを考えることもマーケティング部の仕事です。市場動向に合った販売戦略を立てるには、自社の売上動向だけでなく、他社の売上

【マーケティング部】化粧品会社においてはマーケティング部は最重要ポストである。小さな規模の化粧品会社でもスタッフ部門としては、最初にマーケティング部を設立する。

動向、業界全体の流れなどを十分に理解しておく必要があります。

販売戦略の立案

販売戦略を立てるには、商品に対する十分な理解が必要です。新製品の場合は、商品開発部から提案された商品コンセプトを十分に理解し、どのような販売戦略を採るかを詳細に検討します。今回の新製品が好調であると予想される場合は、追加の販促費を捻出するよう、社内調整したりします。

また、どのような流通で販売するかも検討します。その商品を販売するに相応しい流通を吟味します。その場合、流通を担当する営業部隊とも連携を図っていきます。美容部員の教育などが特別に必要であると判断された場合には、教育部と連携を図る必要もあります。

このように、マーケティング部は会社全体の販売方針を決定し、その遂行に関係する部署と折衝する重要な部署です。

マーケティング部と他部門との連携

商品開発部
新製品
生産計画の
検討
生産チーム
財務部
発注業務
利益計画立案
マーケティング部
宣伝販促計画の
立案
販売計画立案
宣伝販促部
営業部

【ヘッドハントの対象】 外資系化粧品会社では、マーケティング部のトップはヘッドハンティングで迎えられる場合が多い。

6 宣伝部、販売促進部の仕事

宣伝部、販売促進部は、販売戦略を十分に理解して、宣伝、販促策についての具体的施策を検討します。

販売戦略の理解

マーケティング部が中心となって販売戦略を決定し、どのような商品をどのように売っていくかを決める過程において、宣伝部、販売促進部も参画していきます。中小規模の化粧品会社では、このマーケティング部、宣伝部、販売促進部は一体化した組織*になっています。大手化粧品会社になると、この三つが分かれるだけでなく、シーズンプロモーション別担当、ブランド別担当、流通別担当など、さらに細かく組織が分かれます。

宣伝部、販売促進部は、宣伝や販売促進を立案するプロフェッショナル集団です。彼らは化粧品業界の動向について、全体動向、商品動向以外に、宣伝や販売促進といった視点で日頃から分析しています。例えば、他の化粧品会社のどんなコマーシャルが好評であるか、他社はどんなブランドをどういった雑誌に、どの程度出稿しているか、新しい販売促進策としてはどんな手法があるか、などを常に見ています。

宣伝、販促具体策の立案

新商品が開発された場合には、商品開発部やマーケティング部と共に販売戦略を立案します。この新製品がどのような顧客をターゲットにしていて、どんなコンセプトを持っているかを十分に理解します。この理解が不十分であると、ピントのずれた宣伝や販売促進策が出来上がってしまいます。

宣伝部は、新商品のターゲットやコンセプトを受けて、どのような方法で、ターゲット顧客にコミュニケー

***一体化した組織**　小規模の会社では、マーケティング部が宣伝販促の立案・運営を行う。

ションしたらいいかを検討します。このターゲットであれば、テレビコマーシャルに重点に置いた方がいいとか、このコンセプトなら、特定の雑誌とタイアップして情報を伝えた方がよい、などといった議論をし、コミュニケーション戦略を考えます。

テレビコマーシャルや雑誌広告などの宣伝制作については、制作のプロである広告代理店に依頼をします。宣伝部は広告代理店の担当者と何度も打ち合わせをし、その商品を売り出すのに相応しい手法を検討していきます。

販売促進部も同様に、どんな販売促進策が最も有効かを検討します。例えば、今回は新しいタイプのリーフレットを作ろうとか、販売什器を作って店頭プロモーションを強化しようとか、サンプル配布を中心に行おうとかを決定します。販売促進部の独りよがりで、考案したプロモーションが現場で十分理解されないと、まったく期待した効果が出ません。現場の営業社員や美容部員に施策が十分理解され、店頭で混乱しないように趣旨の説明を怠ってはなりません。

宣伝部、販売促進部と他部門との連携

マーケティング部
広報部
教育部
宣伝販促計画の立案
連携
売り方立案
宣伝部
連携
販売促進部
発注
施策の運営
新製品情報
発注
制作会社
営業部
商品開発部
制作会社

【広告代理店の担当制】 電通、博報堂など大手広告代理店では、資生堂チーム、カネボウチームなど、会社ごとの担当制がひかれている。

広報部（ＰＲ）の仕事

女性誌などへのパブリシティの掲載は効果的であることが認識され、ＰＲの仕事の重要性が改めて認識されるようになりました。

パブリシティの重要性

化粧品業界の仕事で、最近改めて重要性が認識されているのが広報部員（以下、ＰＲ*）の仕事です。

広報部は会社によっては、総務部の管轄に属する場合と宣伝部に属する場合とがあります。総務部に属する会社は、会社の社会的貢献について広報活動したり、会社のスキャンダルなどのトラブルへの対処などに備えることを、主な目的としています。

化粧品会社の場合、広報部は宣伝部に属する場合が多いようです。

前章で説明したように、商品の効果効能などを訴求するために、雑誌広告が使われるようになりました。しかしながら、読者は広告よりも雑誌記事（パブリシティ）を重視して読みます。雑誌記事で商品について書いてあった方が信憑性を感じるのです。

本来、雑誌の編集部と雑誌広告を受注する部署は違うはずですが、やはり人情ですから、広告出稿の多いブランドの商品をパブリシティにも載せようと考えます。そのため、広報部は宣伝部のもとにいた方が有効なのです。

ＰＲの仕事

化粧品会社は、何とか雑誌記事に取り上げてもらおうと努力するようになり、広報部を強化し始めました。

ＰＲは新製品の発売された場合、リリースと呼ばれる記事のネタ資料を、新聞社や雑誌社に送ります。ＰＲはリリースを送るだけでなく、雑誌編集部に直接出向

用語解説

＊PR　Public Relationsの略。

き、商品説明などをして回ります。

ＰＲは雑誌に記事を書いてもらうため、編集者の要求をなるべく受けようと努力します。例えば、雑誌に商品写真を掲載したいという要望があれば、撮影見本を送ったり、商品開発者のインタビュー記事を作りたいといえば、商品開発者への取材をアレンジしたりします。

特に外資系ブランドの場合、ＰＲには最も力を入れています。ＰＲは、低コストで効果的なプロモーションです。ですから、ほとんどの外資系ブランドにはＰＲ担当者がいて、力を入れています。

ＰＲ担当者自身が雑誌に載ってカリスマ化している場合もあります。ＰＲの中には、独立してフリーランスでやっている人もいます。また、ブランドからＰＲ自体のアウトソーシングを受けて、ＰＲ活動をすべて行う会社もあります。

ＰＲ担当者は、雑誌社の編集者や美容ジャーナリストなどと、深いリレーションを取れることが重要です。最近のブランド化粧品の成功は、ＰＲ活動の良し悪しによる例が多く見受けられます。

広報部の業務

宣伝部
連携
新聞社編集部
雑誌社編集部
美容ジャーナリスト
PR活動
広報部
商品開発部
研究所
美容部員
取材依頼
連携
総務部

【PRは花形】 化粧品のPRの仕事も、女性にとって人気のある花形職業となっている。

8 美容ジャーナリストの仕事

女性誌やコスメ誌に美容記事を書く美容ジャーナリストが脚光を浴びています。最近は美容記事だけでなく、化粧品業界の様々な分野で活躍しています。

美容ジャーナリスト誕生の背景

女性誌やコスメ誌を見ると、美容ジャーナリストによる美容情報や商品情報の記事が掲載されています。前章で説明したように、九〇年代になると、化粧品の広告がテレビから雑誌にシフトし始め、女性誌もこれを受け、ファッション記事を化粧品記事にシフトしてきました。そして、コスメ専門誌も登場するようになって来ました。

九〇年代前半には、美容ジャーナリストという存在はありませんでした。草分けといえば斉藤薫氏でしょう。雑誌『ヴァンサンカン*』でコスメ担当の編集をしていたことが注目され、彼女自身の存在が美容ジャーナリストというポジションを築いたといえましょう。

九〇年代後半になると、コスメ記事はますます増え、美容ジャーナリストが続々と現れました。

美容ジャーナリストの仕事

美容ジャーナリストは各化粧品会社の新製品セミナーなどに足しげく出席し、化粧品会社の新製品を実際に使用して、自分自身で効果を試します。そして、その評価を女性誌やコスメ誌などに発表します。

美容ジャーナリストには化粧品についての詳しい知識、取材力、および情報収集能力、化粧品を公平に実感できる感覚、その効果を表現できる文才、編集力など、多彩な能力が要求されます。これだけの能力を兼ね備えた人材は少なく、国内に十数人しかいないかもしれません。実際、女性誌やコスメ誌を見ても同じ人

＊ヴァンサンカン（25ans） アシェット婦人画報社より毎月28日に発売される女性誌。発行部数11万部。

達が登場します。

女性誌やコスメ誌は次々と創刊されていますので、美容ジャーナリストの仕事もさらに多くなっています。新製品の取材、商品の試用、記事のライティングで、寝る暇もないほどの忙しさです。

一部の人気のある美容ジャーナリストは講演なども依頼されます。中にはメーカーのアドバイザーとして商品開発に関わる人、ブランドのリーフレットなどの制作をする人、通販会社で商品セレクトのアドバイスをする人などもいます。

「VOCE」「美的」「MAQUIA」などは毎年年末号で「ベストコスメ」を発表します。その年に発売された化粧品の中でどの商品が優秀な製品であるかをプロの目で選定していくのです。コスメファンもベストコスメには注目していてベストコスメに入った商品はさらに売上が上がります。

その選定の審査員として有名美容ジャーナリストやメイクアップアーチストがなります。美容ジャーナリストにとってもこの選定委員に入ることは名誉なことです。

美容ジャーナリスト、スペシャリスト

齋藤薫	吉田昌佐美	倉田真由美	近藤須雅子
安倍佐和子	大崎京子	海野由利子	山崎多賀子
渡辺佳子	奈部川貴子	永富千晴	藤井優美
木更容子	平輝乃	入江信子	片岡えり
小田ユイコ	松本千登世	服部朗子	岡部美代治

(敬称略)

3大ビューティ雑誌発行部数

(2019年1月~3月号)

雑誌名	出版社名	印刷証明付き発行部数
VOCE	講談社	71,667
MAQUIA	集英社	116,667
美的	小学館	133,333

【美容ジャーナリスト】 美容ジャーナリストには、ライター的な人、エディター的な人、スーパー読者的な人、タレント的な人、モデル兼の人、コンサルティング的な人など、その位置付けはまちまちである。

9 営業社員の仕事

営業社員の仕事は流通のバイヤーとの納入交渉を行うことです。美容部員を有するブランドでは、美容部員の管理も重要な仕事となります。

流通との交渉

三つ目のグループが営業グループの仕事です。営業グループには、営業社員、美容部員、教育担当者が属します。大手化粧品会社では地域ごとに販売会社を設け、これらの営業グループの人たちは、販売会社で仕事をしています。

営業社員の仕事*は、流通の担当バイヤーに対して商品を納入、交渉することです。商品開発部がいかによい商品を開発しても、市場で取扱われなければ決して売れません。営業社員は新商品を取扱ってもらうために担当店に説明に行きます。コンセプトの明確な商品は容易に交渉が進みますが、コンセプトが不明瞭な商品の納入は難しくなります。

また、新商品の発売時にどういう宣伝がなされ、どういう販売促進策を採用するかということも、納入の際の重要なポイントです。きちんとしたバックアップ策があるかどうか、バイヤーは見ています。バイヤーとしては、売れない商品を仕入れることは絶対したくありませんが、売れる商品を仕入れられず、顧客のニーズに応えられないことも避けたいと思っています。

また営業社員には、バイヤーからその時期の商品MDの提案も求められます。**MD***とは、その時期に最適と思われる品揃え、売場のビジュアル提案などです。よいMD提案をする営業社員はバイヤーから尊重され、その営業社員のメーカーの商品は、そのバイヤーの店でよく売られるようになります。

営業社員は、売場のメンテナンスがきちんとできて

＊**営業社員の仕事**　2-9節参照。
＊**MD**　MechanDisingの略。**マーチャンダイジング**という。

いるかも管理します。担当店が多い場合などは、フィールドスタッフといって、売場メンテナンスを専門に行うアルバイト社員なども雇って、別途管理する場合もあります。

美容部員の管理

制度品化粧品や百貨店ブランドメーカーの営業社員にとって、美容部員の管理も重要な仕事になります。美容部員に対して、新製品の販売施策などを理解させ、その進捗状況などを管理していきます。美容部員を持つブランドの場合は、美容部員による売上の向上が、そのまま自分の販売実績の向上につながります。ですから、美容部員による施策の徹底、美容部員の士気の向上を図る必要があります。

このように、本社の販売戦略を実際に遂行していく要になるのが営業の仕事です。いくらいい商品、いい施策であっても、現場でうまく運営されなければ売上は伸びません。マーケティング部のスタッフも販売戦略遂行のため、営業部との連携を重視しています。

営業社員の業務

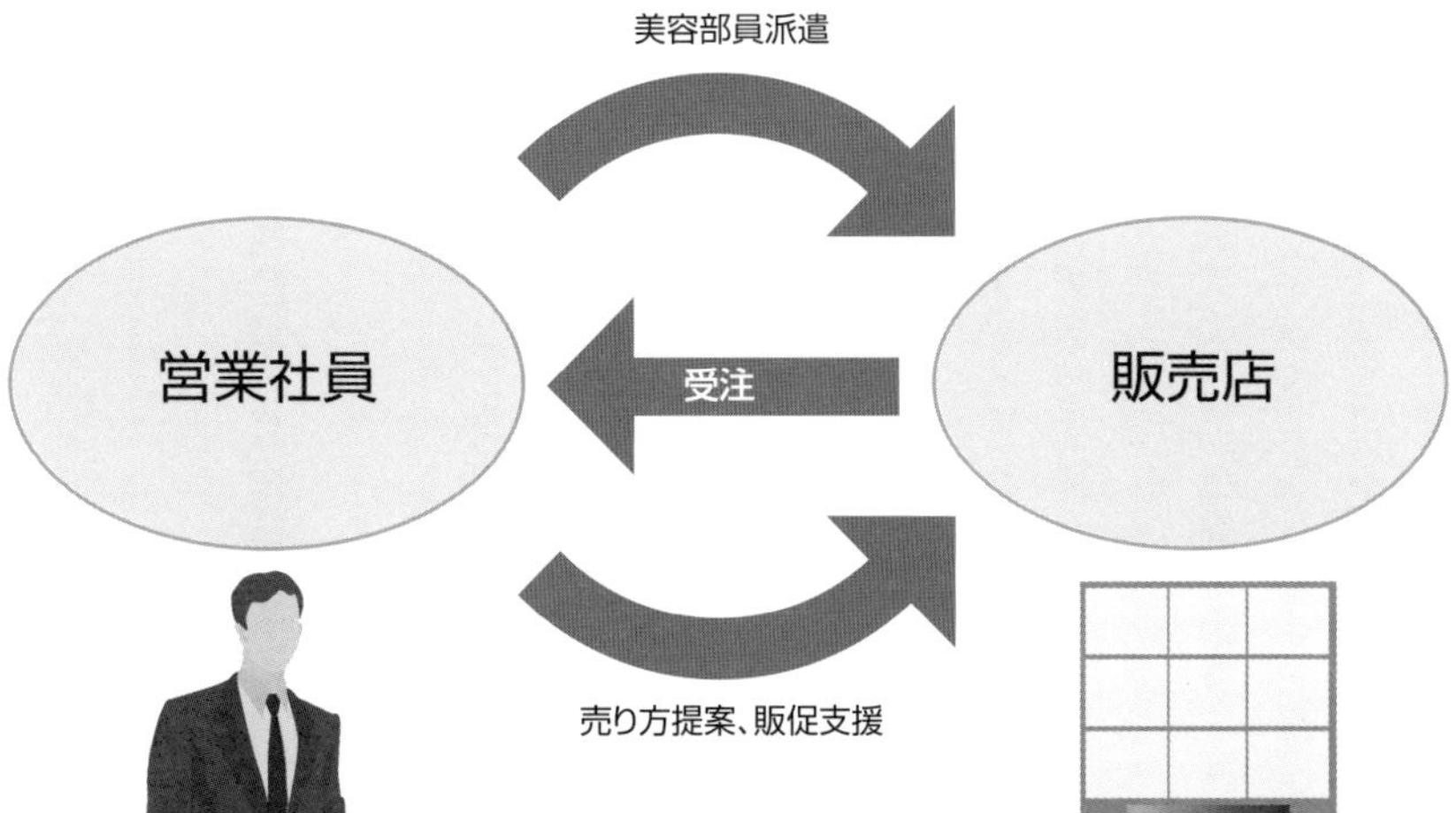

美容部員派遣

営業社員

受注

販売店

売り方提案、販促支援

10 美容部員の仕事

美容部員は、販売戦略上、重要と考えられる店舗に派遣され、売上拡大を目指して接客をするのが仕事です。

美容部員の仕事と組織

美容部員*も営業部のグループに入ります。大手化粧品会社の美容部員は、地域の販売会社に所属し、販売会社の営業チームのもとに所属しています。

美容部員は、販売会社の流通戦略上、派遣が必要と判断された販売店に会社の命を受けて派遣されます。美容部員は、販売会社に月数回出社するのみで、通常は派遣店に直接入店することになります。

百貨店などの大型店舗では数名の美容部員が派遣されています。ショップマネージャーといって、店舗の運営管理の責任を持たされるリーダーの美容部員を中心に運営されています。

美容部員には、毎日同じ店舗に派遣をされるセクション美容部員と、イベント開催中の店舗やセクションの休みの店舗を回るフリー美容部員がいます。

店舗に派遣されると、その店舗で接客します。美容部員の仕事は、自社の化粧品を販売していくことですが、顧客に納得の上で購入してもらわなければなりません。前章でも述べたように、化粧品ビジネスというのは、顧客がずっとその商品を愛用するようになって、はじめて利益が出るからです。当日の売上目標を達成せんがための強引な売り方は絶対にしてはなりません。

接客のない時間帯は、売場の装飾や顧客台帳の整理、品切れ商品のチェックなどを行います。専門店に派遣された場合は、専門店の店主に自社ブランドのファンになってもらえるよう努めることも、美容部員

＊**美容部員**　美容部員の役割については2-8節参照。

の仕事です。

美容部員の販売目標

美容部員には販売目標*があります。入店する美容部員がチームとなって、チームに設定された販売目標を達成すべく努力します。販売目標をいかに達成するかを、担当の営業社員や同じセクションの美容部員と共に検討します。販売目標を達成するために、イベントの実施や推奨商品の設定などを行います。

顧客に納得してもらうため、美容部員は技術や知識を常に磨きます。新製品発売の際には販売会社において製品の研修があります。美容部員は製品のコンセプトや特徴を理解します。また、販売戦略に沿った販売方法や販売施策についても勉強します。

美容部員レベルで商品理解と施策理解がなされていないと、販売戦略は徹底できません。本社のマーケティング部も美容部員への販売施策の徹底を重視しています。

ビューティアドバイザーのやりがい

	理由
1位	自分の接客でお客様が感動して喜んでくれたとき
2位	売上目標を達成できたとき
3位	お客様がメイク後より美しく若返られたとき
4位	自分がおすすめした化粧品できれいになられたとき
5位	エステ後に「気持ちがよかった」とお礼を言われたとき
6位	自分自身も日々磨かれていると感じるとき
7位	新会員さんが再来店してくださったとき
8位	チームのメンバーとチームワークがとれたとき
9位	自分自身がコミュニケーションがうまくとれるようになった
10位	ずっと長く続けられる仕事だと感じるとき

「なる本ビューティアドバイザー」梅本博史著、週刊住宅新聞社刊より引用。

＊販売目標 美容部員への販売目標には、売上実績のみらならず、接客数、特定商品の販売数、カウンセリング数、新会員獲得数を設定している。

教育担当者の仕事

本社の教育部は、マーケティング部のメンバーと販売戦略を練ります。販売会社の教育担当者は、それを現場で徹底するセミナーを実施します。

本社の教育部の仕事

教育担当者の仕事については、美容部員の教育と販売店の教育の二つがあります。もちろん、美容部員を持たない会社は販売店教育のみですし、美容部員が一〇〇%販売する百貨店ブランドでは、美容部員教育のみとなります。

制度品化粧品会社の場合は、美容部員の教育と販売店の教育の両方を行います。本社で教育全体を企画し、販売会社で実務を遂行します。本書では、教育担当者を営業グループに属するようにしましたが、前者の、本社で教育企画を行う教育部は、どちらかというとマーケティンググループに入ります。

本社の教育部は、例えば、新製品の販売戦略をマーケティング部、宣伝部、販売促進部が、商品開発部を交えて打ち合わせする際に参加します。販売戦略について、「今回は美容部員に新しい売り方をさせよう」という方針が立つと、教育部が売り方の詳細を練ることになります。

全体販売戦略が決定し、教育部の提案した企画が承認されると、さらに現場レベルで実行できるように企画を修正し、これを現場に伝える方法を考えます。

販売会社の教育担当者の仕事

企画を現場に伝えるのは、販売会社に所属する教育担当者を集めた会議で行います。販売会社の教育担当者は、販売戦略や新商品情報、新しい売り方の情報、販売施策などを十分に理解します。

【教育担当者】 教育担当者は美容部員出身が多い。

販売会社の教育担当者は、まさに営業グループの一員です。販売会社に戻った教育担当者は、本社か伝えられた販売戦略を、実際に現場で遂行できるように準備します。

まず販売店に対して、新製品やプロモーション施策を伝える新製品セミナーを企画します。セミナーの詳しい内容を決定し、案内状の手配、セミナーを勧誘する営業社員への説明、テスターや備品の手配などの準備を行います。当然、セミナーの運営も行います。同様に、このようなセミナーは美容部員を対象にも実施します。美容部員については、新人研修も販売会社の教育担当者が行います。美容部員の新人研修は、通常、二ヶ月程度*行います。社会人としての礼儀やマナー、スキンケアの基礎知識、メイクアップ技術、商品知識などのすべてを教えます。美容部員に対しては、さらに年次別の研修や専門知識を教えるエキスパート教育なども行います。

化粧品販売はマンパワーが命ですから、どの会社でも教育にはたいへん力を入れているのです。

教育部の業務

宣伝販促部　マーケティング部　商品開発部

企画立案

本社教育部

施策説明

販社教育部

美容部員教育　販売店教育

＊二ヶ月程度 研修は、理想的には2〜3ヶ月だが、中には1週間前後の研修となる場合もある。

商品開発マンの心得

商品開発マンの必要な能力は「森を見て、葉っぱも見られること」です。

イメージでいうと、木を見るとき、ヘリコプターに乗って上空に上がり、木の上、もっと上から木のかたまりである森を眺めることが「森を見ること」。

商品開発マンにとっての「森」とは化粧品業界全体の動向、消費者の動向、トレンドなどです。例えば、いま本書を読んで、化粧品業界の成り立ちや動向を勉強することは「森を見ること」です。

つまり、森を見る能力とは広い視野に立って全体を分析し、今後の流れを判断することのできる能力です。

一方、逆に木を見る場合、枝の先についた葉っぱを詳しく、もっと葉脈のかたちにまで見ることが「葉っぱを見ること」です。

化粧品を開発する場合ですと、その化粧品の微妙な感触の違い、色の違い、香りの違い、形の違いのとても細かい部分にまで気を配れる能力が「葉っぱを見る」能力です。

この「森を見る」能力と「葉っぱを見る」能力はまったく違った能力です。広い視野で見ることが得意な人、細かい部分に集中して見ることが得意な人がいます。しかし、商品開発マンに求められる能力は、この「森を見る」能力と「葉っぱを見る」能力を同時に兼ね備えていなければなりません。

細部を気にし過ぎると全体像がおろそかになってしまいますし、全体像ばかりを重視し、細部に心配りをしないと、商品づくりがいい加減なものになってしまいます。この2つを同時に発揮できる能力を商品開発マンは養わなければいけません。

第12章

中国市場の動向とカラクリ

中国市場は今後、急成長が予想されます。資生堂をはじめとする日本の化粧品会社も、中国進出に意欲を燃やしています。しかし、中国進出への問題点は山積しています。

1 従来の中国市場戦略

中国の化粧品市場は巨大で今後の伸長が期待できます。これまで日本の化粧品会社も積極的に取り組んできました。

高成長する中国化粧品市場

中国の人口は二〇一九年末に一四億人を突破しました。成長が衰えたとはいえ「世界の工場」としてGDP国内総生産世界第二位の地位はゆるぎないものになっています。

化粧品売上高も年々伸びており、JETROによれば二〇一八年の中国の化粧品小売総額は前年比四・二%増の二六一九億元（約四兆一九〇四億円）となりました。二〇一八年の日本の化粧品出荷額一兆六九四一億円から日本の小売売上を類推すると、中国と日本はほぼ同規模であるといえるでしょう。

この巨大市場は、化粧品業界にとっても大変に魅力のある市場です。日本の化粧品会社は早くからその市場攻略に取り組んできましたが、決して順調ではありませんでした。

従来の取り組み

日本の化粧品会社の中でも資生堂は早くから中国市場攻略に取り組んできました。

資生堂は一九八一年より中国での化粧品ビジネスを開始し、九一年には「資生堂麗源化粧品有限公司」を設立して、九三年には現地生産工場を完成させました。翌年には中国専用化粧品「オプレ」の販売を開始しました。

資生堂は日本での成功体験に倣って、百貨店や専門店を中心に販路を広げていきました。特に百貨店では九割の店舗がインストアシェアナンバーワンを誇っています。

しかし、これはまったく楽観視はできない状況でした。中定価格市場への攻略は苦戦し、専門店や百貨店での販売員管理も苦労してきました。

さらにオプレなど現地生産したメイドインチャイナの資生堂商品に中国消費者は魅力を感じなかったのです。消費者はメイドインジャパンの資生堂商品を欲したのでした。

韓国化粧品の攻勢

アモレパシフィック*をはじめとする韓国ブランドの攻勢も受けるようになってきました。中韓FTAが締結され関税が撤廃されていたことが背景にあります。中国での外資化粧品の売上シェアは二〇一五年まではフランスがトップでしたが、二〇一六年以降二〇一八年までは韓国がトップとなりました。

しかし、中韓の関係はその後のサード（THAAD）問題*などにより急速に冷え込み、韓国化粧品の売り上げも勢いを失います。二〇一九年には日本の化粧品が輸入化粧品売上一位となりました。

中国化粧品小売売上

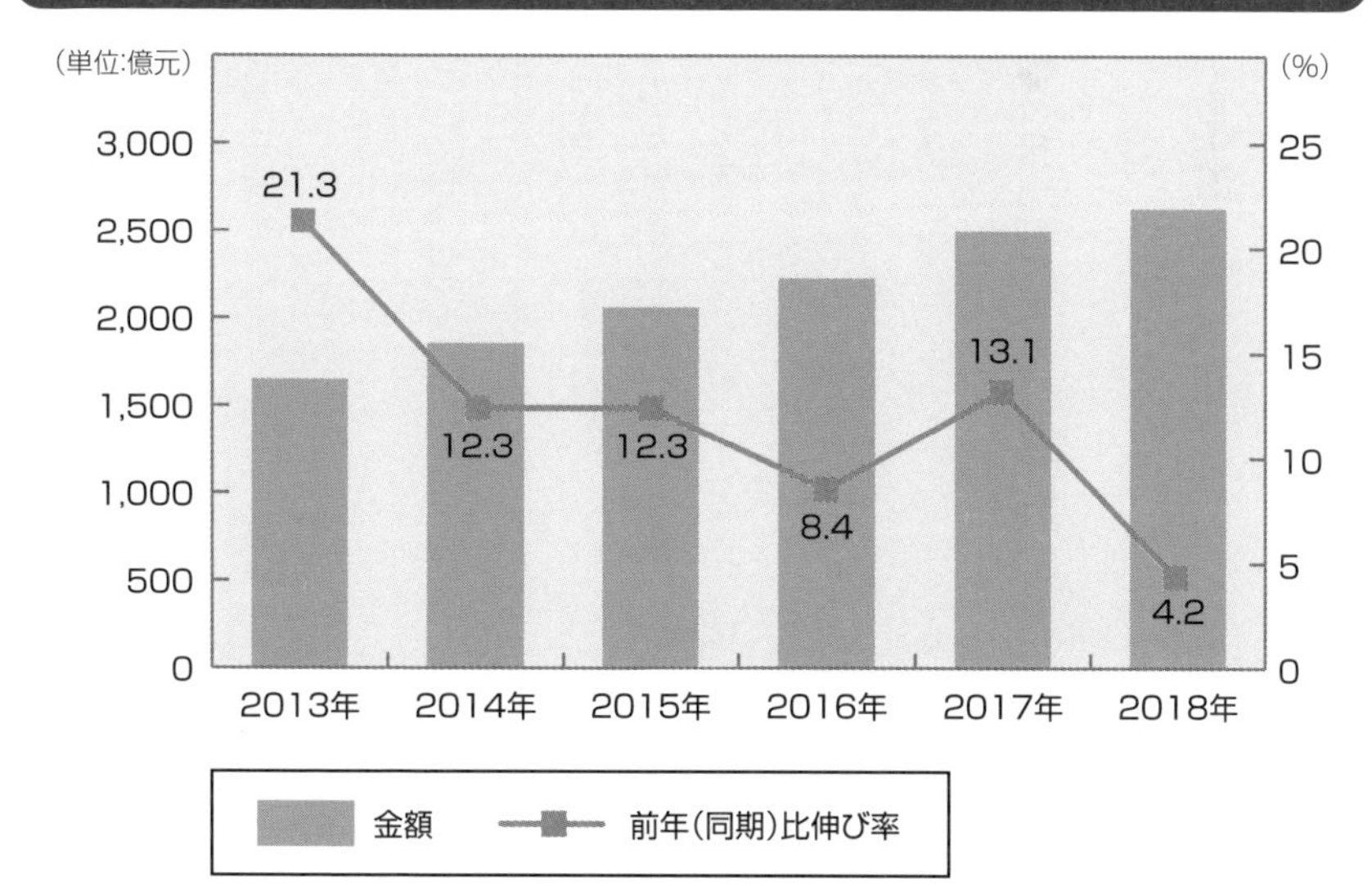

＊アモレパシフィック　韓国最大の化粧品会社。2017年売上高6000億円で世界第7位。
＊サード問題　米国の意向で韓国にミサイルを配備した問題。

2

中国EC(eコマース)の発達

近年、中国小売業は激変し、EC(eコマース)に大きくシフトしました。

EC(eコマース)へのシフト

近年、中国小売りに大きなパラダイムシフトが起こりました。それは急速なEC(eコマース:電子商取引)へのシフトです。

表にある世界のEC市場取引規模の推移をご覧ください。中国の取引額は一五二七六億ドル、世界で断トツの一位、二位の米国の三倍、しかも前年に比べて一三七%もの伸長率です。

中国のECの売上が小売全体に占める割合は約二五%です。日本は約六%です。二五%をネットで買う生活を想像してみてください。中国でもさすがに食料品などの最寄品は地元の小売店などで買うでしょうが、買回品はほとんどネットで買うと想像されます。化粧品のEC購入比率は二〇一四年以降大きく伸び、二〇一八年にはネット小売額の構成比は七四%にまで上がっています(12-4節参照)。

日本の化粧品のEC購入比率は全小売の六%を少し下回る五%後半の数値です。これは日本の場合、全国どこにいっても近隣にドラックストアがあったり、百貨店や専門店で説明を受けて買いたいというニーズがあるからだと思います。

EC(eコマース)発展の背景

ECが発展するには通信販売の章でも説明しましたが、通販フルフィルメントが整っていることが必要です。特に商品を届ける配送機能と代金を回収する機能が必要です。

【最寄品と買回品】 最寄品は最寄りの商店で購買される商品。買回品は購入・選択の過程で品質・価格・適応性などを比較検討して各店を買い回るような商品。化粧品は最寄品に分留意されますが買い回り要素も大きいといわれている。

配送についてですが、広大な中国に個別配送するのは難しそうですが二〇〇三年にSARSが流行して感染症対策がされた後くらいから個別配送が急速に発達しました。

また代金の回収については日本以上にキャッシュレス化が進んでいます。中国人のほぼ全員がアリペイ*やウィチャットペイ*を持っています。中国に行くと道で果物などを売っている露天商でもアリペイが使えます。物乞いの人がアリペイのQRコードを出しているような笑い話もあるくらいです。

化粧品業界への影響

このようなECへのシフトによって化粧品業界も大きな影響を受けました。ECで売れる商品が中国での売れ筋商品なったのです。

逆に専門店や百貨店での店舗販売に主力を置いていたブランドにとっては大きな打撃になりました。資生堂などは大きな戦略転換を余儀なくされたことでしょう。

世界のEC市場取引額規模の推移（単位：億米ドル）

国	上段：2018年	下段：2017年
中国	15,267	11,153
米国	5,232	4,549
英国	1,236	1,126
日本	1,093	953
韓国	779	563
ドイツ	726	651
フランス	576	488
カナダ	443	340
インド	327	215
ブラジル	257	209

*アリペイ　支付宝、英語：Alipay、アリババグループの決済およびライフスタイルサービス。

*ウィチャットペイ　中国No.1シェアのメッセンジャーアプリ「WeChat」に備わったQRペイメント。

3 中国ショッピングモールの現状

中国EC（eコマース）はアリババグループと京東によってほぼ独占されてます。

二大ショッピングモール

中国のECモールには二大ショッピングモールがあります。アリババグループ（天猫、淘宝）と京東商城（ジンドン）です。この二つの企業はEコマースの業界での二強ですが、中国の小売業全体での一位、二位の売上高でもあります。

ECにおけるアリババグループの構成比は五二・五％、京東の構成比は三一・三％とこの二大ECモールで中国ECを独占しているといっていいでしょう。二〇一九年にはアマゾンも撤退しました。

ECの世界ではアリババグループが二〇〇九年に始めた一一月一一日「独身の日」セールがビックセールとなっています。二〇一九年の売上は四・一兆円と過去最高になりました。いまや、「独身の日」セールはアリババグループのみならず中国中の年間最大のセールになっています。京東も「六一八」セールを行っており、六月一八日も中国中でビックセールが行われています。

天猫の成り立ち

アリババグループには淘宝（タオバオ）という登録店舗数最大のショッピングモールがあります。出店するのは容易で商品さえ仕入れて配送できれば誰でも店舗が出せます。代金回収は淘宝が作ったアリペイがあればできます。大企業から一般人までが店舗を出店しています。在日の中国人の多くが日本で仕入れた商品を販売する店舗を出したりしています。

しかし、誰でも店舗を出せることの弊害として起きたのが、偽物が売られることです。中国では偽物が平気で売られています。以前、中国の公式な調査で中国ECの四割が偽物であるという記事を見たことがあります。それを中国人にいうと、皆が実感としては六割から七割が偽物だといいます。

アリババグループは消費者の信用を得るためアリババが厳選した店舗だけを集めた天猫を淘宝からスピンオフさせて作りました。天猫は化粧品の場合、できるだけブランドメーカーの直営ショップとしようとしています。商品も天猫の倉庫に入れて偽物ではないことを吟味して出荷するようにしています。消費者もできるだけ信用のおける天猫で買うようになっています。

日本のECモールで例えると天猫は厳選された楽天、淘宝は楽天とヤフオクの混在といったようなものでしょうか？

一方、京東は同じように日本のECモールでたとえるとアマゾンです。京東は基本、自社で仕入れて自社で販売する方式を取っています。

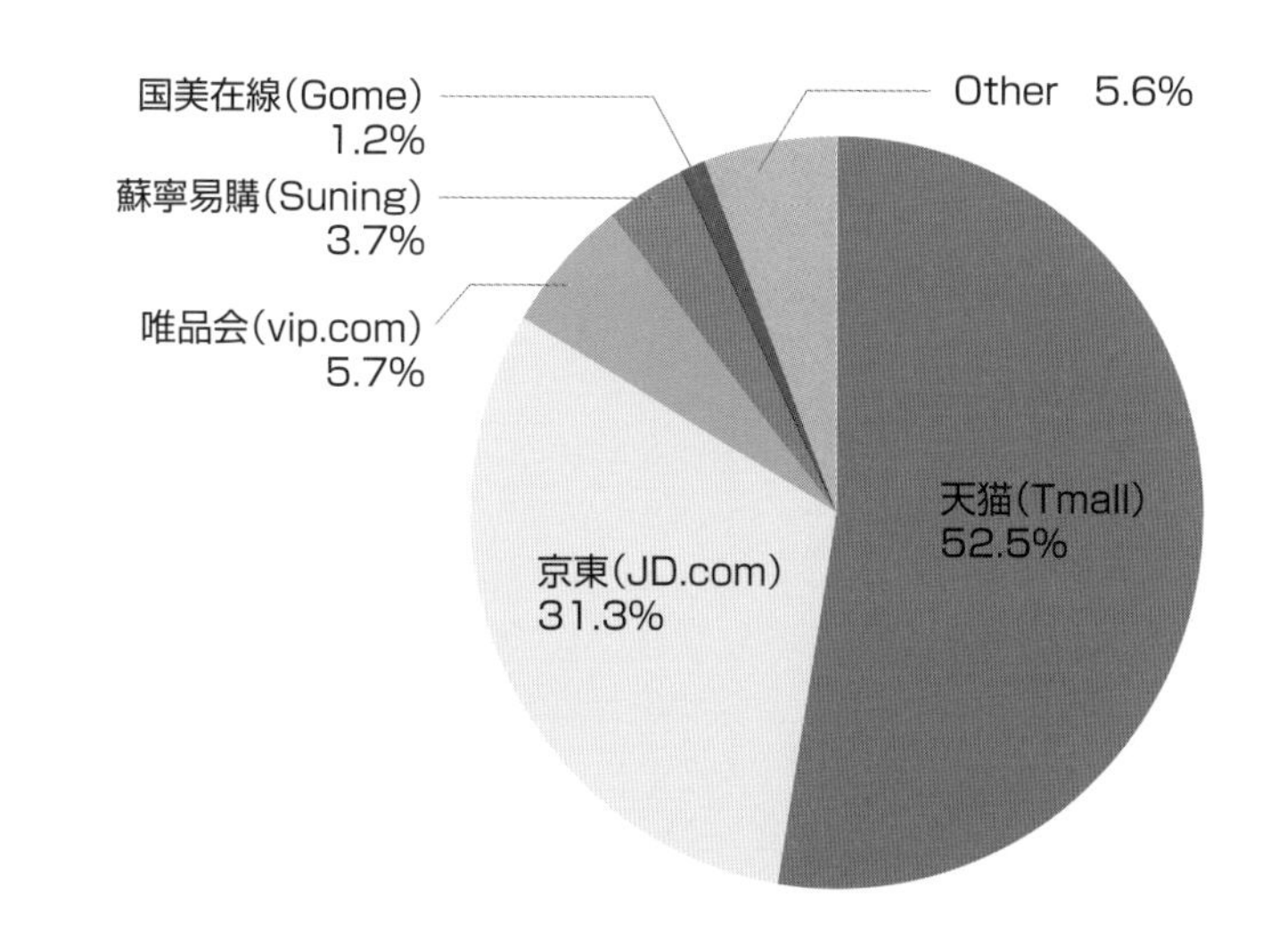

【天猫への出店】 天猫への出店には厳しい審査だけでなく、多額の保証金がかかります。

4

中国のSNS事情

中国人はSNSで情報を集めます。Weiboから情報を集め、Wechatで仲間に情報を共有します。

Weiboで情報発信

中国の若者はTVなどのマス媒体よりも、SNSから情報を集めます。中国には最大のSNS、Weibo(微博・ウェイボー)があります。Weiboは中国版ツイッターという理解でいいでしょう。

日本のツイッターですと最もフォロワー数の多い有名芸能人で七〇〇万人程度ですが、中国の場合、例えば人気女優の楊幂(ヤン・ミー)、楊穎(アンジェラベイビー)などは一億人以上のフォロワーがおり、全く規模が違います。皆、彼女たちの生活やどんなアイテムを使っているかを注目します。数年前、范冰冰(ファン・ビンビン)が使っていたある製品が中国中から売れてなくなったという話もあります。

日本の芸能人でもWeiboで情報発信している芸能人に人気があります。二〇一八年の微博日本のイベントでは最優秀賞として片寄涼太*が受賞しましたが日本での知名度と中国では少し違うようです。

商品の宣伝をする場合にWeiboを活用することは必須です。中国人が商品情報を入手する場合は必ずWeiboを確認するといっていいでしょう。

日本のネット広告事情ですと、SNSよりもまだ検索サイトに広告を出すのが主流です。中国にも百度(バイドゥ)という検索サイトがありますが、検索サイトよりもSNSの方が重視されています。

Wechatで情報共有

Wechat(ウィチャット)は中国版LINEです。

＊片寄涼太 歌手、ダンサー、俳優。GENERATIONS from EXILE TRIBEのメンバー。

ほぼ中国人の全員が使用しているといっても過言ではないでしょう。多機能で、メールや電話など全てＷｅｃｈａｔで行い、ウィチャットペイで支払いもでき、ショッピングモールもあります。

　Ｗｅｃｈａｔは仲間になった人たちへの情報共有ツールとして活用されます。商品を購入してもらった愛用者のＩＤを入手してメンバーになってもらい、商品情報を流したり、イベントに招待したりして顧客の囲い込みを目的に使います。

TikTok

　抖音(ドォンイン)は短い動画を発信するＳＮＳで日本にもＴｉｋＴｏｋ(ティックトック)として入って来ました。

　日本のＴｉｋＴｏｋは娯楽的ですが、中国ではもっと商品情報を流すような使い方がされています。抖音にはショッピング機能も付いていてそのまま商品を購入できます。現在は抖音からの売上の伸びが顕著です。

　中国市場を攻略していくためにはこれらのＳＮＳを活用していくことが重要です。

中国化粧品小売額のネット小売額構成比

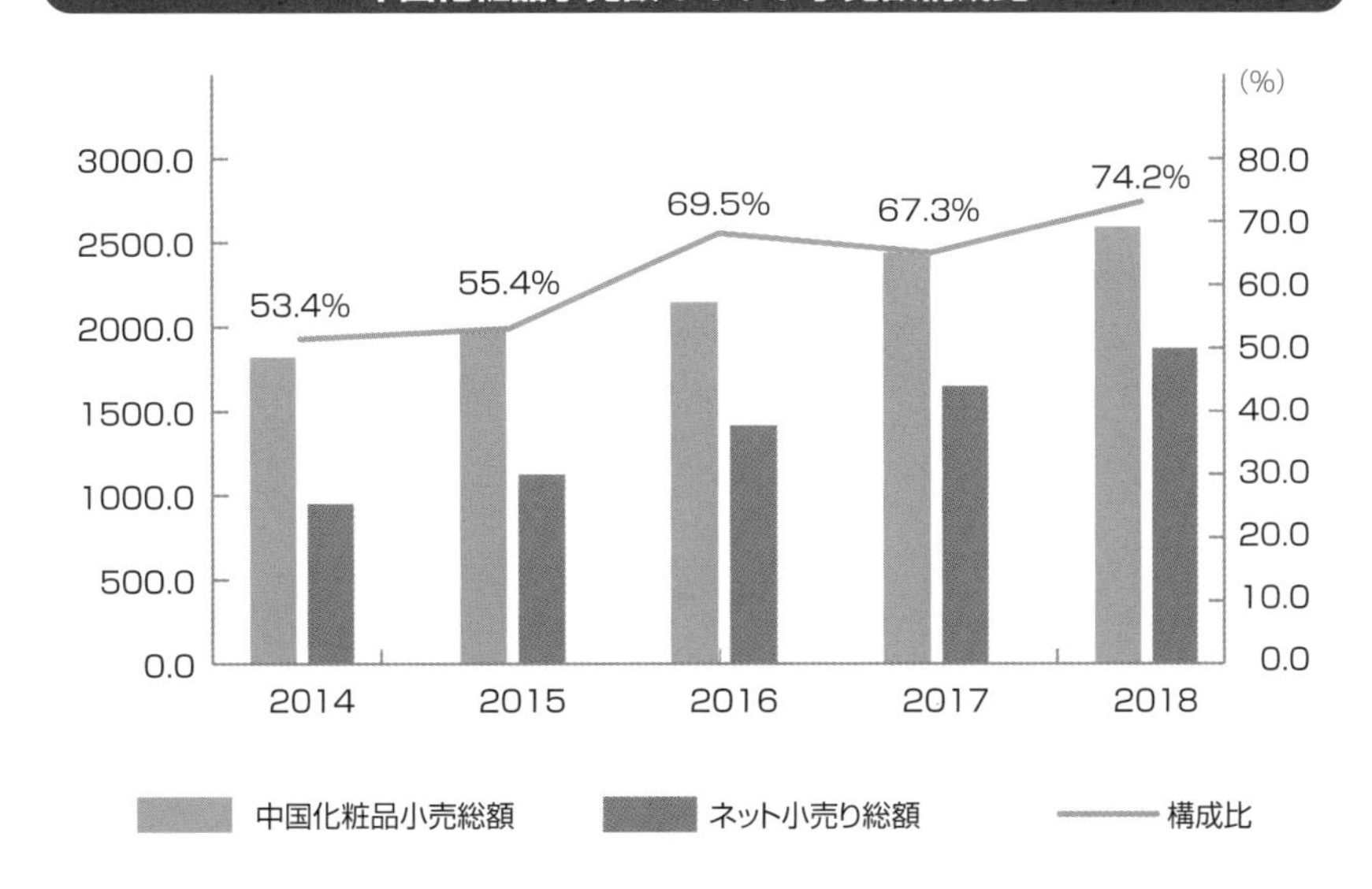

5 化粧品のEC戦略

中国でのEC(eコマース)に成功するには様々な壁を乗り越えていく必要があります。

EC戦略の定石

中国のECで販売しようと思えば、まずは淘宝(タオバオ)などショッピングモールで店舗を開設するのが一般的です。淘宝には簡単に店舗を出店することができますから、あとは受注した商品をどのように顧客に届けて代金を回収する仕組みを持つことです。

購入者からの代金回収はアリペイで回収すればいいのですが中国で販売できた代金を日本に送金するのは難しいです。「手数料が高い」「手続きが煩雑」「時間がかかる」など多くの問題点があります。中国で売上が立った場合はその送金については何らかの方法を考える必要があります。

NMPAの壁

次に消費者への配送ですが、一般商品ならば中国内の倉庫に商品を保管して、注文があった分だけ顧客に配送すればいいですが、化粧品の場合は、通常はそれができません。中国で一般商品として流通させるには中国のNMPA*という組織から一般商品として承認審査を受けなければなりません。承認を得るためにはまずはNMPAが認める仕様になっている必要があります。特に配合成分はNMPAが認めない成分が一つでも配合されていると認可を受けられません。日本の薬事法で認められている成分とかなり違いますから、日本で販売されている多くの商品がそのままでは承認が受けられません。その他、容器への表示方法などかなり

＊NMPA　もともとCFDAと呼ばれていた中国「国家食品薬品監督管理局」が「国家食品監督管理局」と「国家薬品監督管理局」に分かれた。それに伴い英文名はChina Food and Drug Administration；略称CFDAからNational Medical Products Administration；略称NMPAに変更。

うるさいです。承認を得るまでかなりの時間がかかります。もう申請して二年も三年もかかっているのに取得できないという話を聞きます。また取得のための代行業者に高額な手数料がかかったという話も聞きます。

越境ＥＣ

中国で販売して中国で売上回収するのが難しいということですと、日本から中国の顧客と取引する方法もあります。これを**越境ＥＣ**といいます。

越境ＥＣとは、国境を越えて通信販売を行うオンラインショップのことです。近年では中国では越境ＥＣは人気になっており、越境ＥＣの取引額は相当大きくなっています。天猫では天猫国際という越境ＥＣ専門モールもあります。

ＮＭＰＡの商品が受けられていない場合は、この越境ＥＣで取引するしかありません。以前は個人でも越境ＥＣとして商品を送ることができましたが、二〇一九年に中国ＥＣ法ができて法人の会社でないと越境ＥＣで商品を届けることは難しくなりました。化粧品の場合、越境ＥＣを取扱う代理会社に委託する会社が多いようです。

中国の対日・対米越境 EC 取引高予測（経済産業省）

（単位：億円）

消費国	販売国	2018年	2019年	2020年	2021年	2022年	2022/2018
中国	日本	15,345	18,184	20,730	23,217	25,144	−
	米国	17,278	20,474	23,341	26,142	28,312	−
	（合計）	32,623	38,658	44,070	49,359	53,456	1.64

中国人消費者が越境 EC を利用する理由

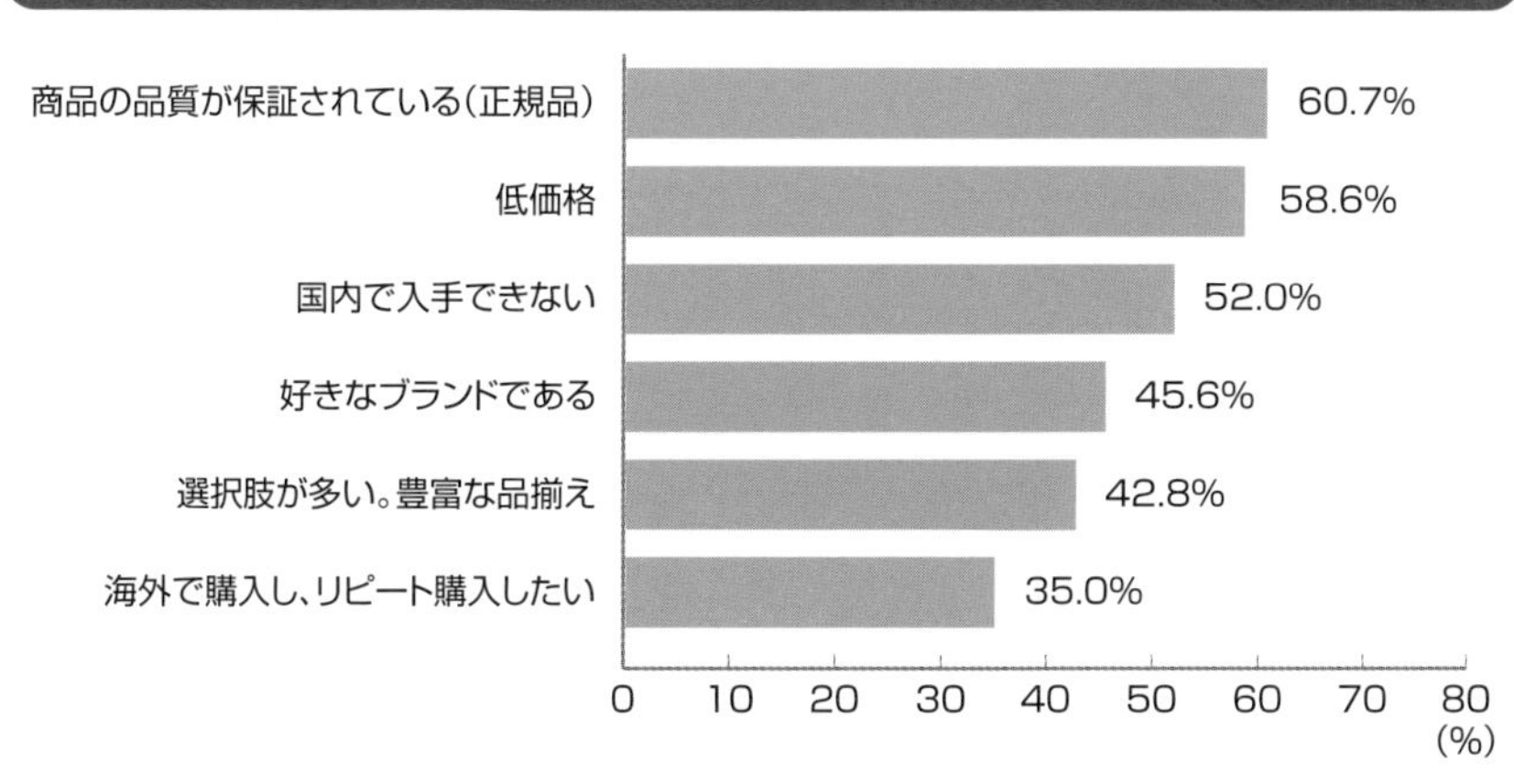

6 ECにおける広告戦略

中国における広告戦略上欠かせないのがWeiboと中国版アットコスメの小紅書です。

Weiboの開設

ECサイトが開設できたら、自社商品を認知してもらう広告をする必要がありますが、まずはWeiboに自社サイトを開設すべきです。できれば自社の公式サイトとしてWeiboに申請すべきです。有料ですが日本でも容易に微博日本に申請できます。

Weiboに自社商品の特徴を掲載していくわけですが、日本でブログを開設するのと同じで、閲覧者を増やすには時間がかかりますし、頻繁に新しい記事を投稿しないと飽きられてしまいます。中国語で掲載する必要がありますから専門スタッフを雇ったり外注したりする必要があります。

微博日本に依頼して有料広告を掲載することもできます。

小紅書の影響力

他の業界に比べて化粧品において特殊なのは小紅書*（シャオホンスー）の存在です。通称REDとも言われます。小紅書とは中国版のアットコスメです。日本のアットコスメを参考にしてシステムが作られました。化粧品に関する口コミ情報が投稿されます。中国人が新たな商品を購入しようとすると必ず小紅書を確認します。

小紅書ではメーカーからと思われる投稿や広告の意図のありそうな投稿はすぐに排除されます。掲載される内容が愛用者本人からの投稿であるという信頼を得るための努力がされています。

***小紅書**　小紅書はショッピング機能もあり、eコマースの売上も大きな規模になっている。

この点はアットコスメと同じですが、筆者の印象では日本のアットコスメよりも厳しい感じがします。同じ化粧品の紹介ばかりしているとアカウント自体全て削除されてしまいます。

中国における購買行動を見ると、いかに偽物を買わされないかという警戒心がとても強いように思います。中国人は中国製の製品を全く信用していない感じがします。その商品の信用を確かめるために小紅書などのＳＮＳでその商品の口コミを確認するのです。

日本の製品が中国で人気があるのは、中国人に日本製の化粧品が信頼されているからです。これは日本の化粧品業界にとって大きな財産です。

小紅書の口コミ件数を上げていくには、使用してもらった愛用者に投稿を依頼するしかありません。作為的な方法はサンプル試用してもらって投稿してもらうくらいです。

小紅書の口コミが上がることは日本のインバウンドにおいても重要です。中国人観光客が日本で化粧品を購入する場合にも必ず小紅書を確認しているからです。

淘宝、TIKTOK、小紅書でのライブ販売

▼小紅書のライブ

▼TIKTOKライブ

▼淘宝のライブ

中国でも大人気のAGアルティメットマスク

第12章　中国市場の動向とカラクリ

7 ＫＯＬとライブコマース

中国では化粧品の広告活動においてＫＯＬが大きな役割を担っています。

信用スコアとは

前章で述べましたが、基本、中国人は中国人のことを信用していません。淘宝でいくら魅力のある商品説明をしても信用するサイト以外には信用しません。

中国には「信用スコア」という仕組みが広がっています。アリペイには信用スコアと言って信用を獲得するほどにポイントが上がってきます。アリババは「学歴」「勤務先」「資産」「返済」「人脈」「行動」でスコア計算されると公言していて高いポイントを得ると優待が受けられます。

タクシーでもそうです。中国には中国版ウーバーがありますが、下車時に利用したタクシーのサービスに関するアンケートに答えます。乗客にいいサービスしたタクシーはポイントが上がります。乗客もポイントの高いタクシーを利用します。ドライバーはポイントを得ようといいサービスをするようになっています。

このように中国では信用スコアが重視されています。

ＫＯＬとは

化粧品の購入の場合はＫＯＬからの紹介が重視されます。ＫＯＬ(Key Opinion Leader)は日本で言うインフルエンサーで、Ｗｅｉｂｏなどで自身のライフスタイルを披露して、ファンづくりをしています。ＫＯＬは一般人からなった人もいますし、芸能人などもいます。

ライフスタイルをファンに見せるだけの人もいますが、積極的に商品を紹介したり、販売したりするＫＯＬも多いです。日本のインフルエンサーの場合はどちらかというとステルスマーケティング＊の人が多いですが、中国のKOLの場合、積極的に売ろうとすることが多いです。

ファンの人たちはKOLの目利きを信用していますから品質の良くない商品を販売しようとして信用を損なうようなことはしません。

KOLの中にはライブコマースで販売する人もいます。ライブコマースはスマホ上のTVショッピングです。KOLがスマホで生配信して商品を紹介します。チャット機能が付いていて見ている人はチャットで質問してその場でKOLが答えていきます。

最近はKOLがどんどん増えてきていますが、現在最も人気のあるKOLは李佳琦＊です。美容系男性KOL、通称「口紅王子」で、一回の淘宝ライブで三億円相当の化粧品を売り上げると言われています。二〇一八年の独身の日では、アリババ社長の馬雲（ジャックマー）と口紅の販売対決に勝利し、配信中に三二万本を売り男性美容系KOLの存在を確立させることに成功しました。その他にも次々と人気のKOLが現れています。

KOLの選定

広告を行っていくにはWeiboで商品情報を発信していくことが必要ですが、地道にアップしていってもそう簡単にはフォロワー数は増えません。そこでKOLを起用して宣伝してもらってフォロワー数を増やしたり、KOL自身に販売してもらうようにしていくのが必要です。

しかし、このKOLの選定も難しいです。人気のあるKOLは高額なギャラがかかります。李佳琦を最初から起用できるような体力のある企業なら別ですが。

フォロワーの多いKOLと言っても、例えばアパレルに強いKOLで化粧品は弱かった、ということもあります。中にはフォロワー数を買っていて虚偽の数値である場合だってあります。成功のためには何回か試行錯誤するしかありません。

用語解説

＊ステルスマーケティング　宣伝であると消費者に悟られないように宣伝を行うこと（通称ステマ）。

＊李佳琦　1992年湖南省生まれ。大学でダンスを学ぶ傍らロレアルでコスメの販売をしていましたが、淘宝ライブの進行役として抜擢され、ライブ配信を行う。

8 中国EC（eコマース）の展開方法

中国で成功するにはECでの成功とわかりやすい図式ですが困難な点は多くあります。

日本化粧品が輸入化粧品一位に

中国では日本の化粧品が大変人気があります。以前の章で韓国が二〇一六年以降外国化粧品で最も売り上げが高いと書きましたが、二〇一九年の中国における化粧品の国別輸入額は日本が三六億五八一五万ドルで最も多く、次いでフランスが三三億二六八七万ドルで二位、韓国が三三億二二五一万ドルで三位でした。これは越境ECによる日本化粧品の売上が急激に伸びたことにあると思われます。

EC店舗の開設

中国で成功するにはまずはeコマースで成功することです。しかし中国でEC店舗を運営するためには多くの困難な点が待ち受けています。ショッピングモールに店舗を開設した場合、多くのモールは受注後四八時間以内の出荷が義務付けられています。また天猫や小紅書などに店舗が開設できた場合、ほぼ毎日の情報発信が求められます。また消費者からの問い合わせにも迅速に応える必要があります。

このような業務に対応するには中国人スタッフのチームを作る必要があります。もちろん語学能力だけでなく専門的知識をもったチーム作りが必要です。大抵の場合一ブランドで五人のチームを作ります。リーダー、商品手配、広告関係からなるチームです。そういった業務を中国の代行業者に委託することが多いですが、どの代行会社がいいかを選択するのは難しいです。大手だからといってもいいメンバーが自社の担当になってくれるかはわかりません。

中国ビジネスではパートナー選びが最も重要です。

偽物の問題

売れて来ると偽物まで出回ります。中国ではヒット商品が出るとすぐに偽物が出てきます。筆者が関係する会社でその会社の偽物商品が中国で出回ったというので見せてもらいました。印刷色のかすれが少しあるだけで消費者は初見ではまったく偽物と気が付かないと思います。偽物防止のために中国ではトラッキングシールを付けます。そのトラッキングシールからスクラッチで番号を出すとどの流通を経由して販売されたかがわかるようになっていますが、そのシールまでちゃんと付いていていました。

総代理の選定

自社ブランドを中国で拡販することを目指していると、大抵「自分は中国で力があり自分に任せてくれれば必ず売れる」と言って来る人が現れます。ただし、「中国での総代理権をくれ」といってきます。

総代理権をその会社に渡すと中国ではその会社のルートでしか商品を販売できません。先方の立場からすれば自分たちがあなたたちのブランドに投資していくわけだから、「売れるようになったら他のルートからも売るというのではたまらない」という当然の主張です。しかし、売ってくれて成功すればいいですが、思うように売れず、総代理権を渡した会社も力を入れなくなったら、その時点で塩漬けになります。私が聞いた酷い話では総代理権を持っている会社が、売れてきたので自分たちで偽物を製造して販売したという事例もあります。

このように中国での総代理権を誰に渡すかは中国での成功の鍵になります。

アルビオンの中国対策

百貨店には中国人観光客が大挙して訪れ、長蛇の列ができるブランドがあります。売上が上がって嬉しいことですが、一方、既存の顧客が満足する接客ができなくなるといった問題もあります。また、中には転売して利益を得ようとする中国人顧客も含まれています。

アルビオンは中国でも大変人気があり、在日中国人の代理購入者がアルビオン取扱店に訪れ、大量購入して中国に送ろうとしました。

2018年度は、直近4年間でインバウンド比率が高まり、売上高も507億円から680億円へと急激に伸長しました。

既存顧客への親身な接客を信条とするアルビオンにとっては大きな悩みでした。

そのため百貨店や専門店では、「個数制限」「百貨店における株主優待券と免税の併用禁止」「内外価格差の是正（1.5倍→1.25倍）」を推進し、転売業者の取り締まりに動きました。

成田、羽田、関西空港の免税店を開いて観光客への対応と、さらに抜本的な対策として天猫国際に旗艦店として公式直営店舗を開設しました。

代理購入者は主に淘宝で販売しています。顧客は偽物問題で信用度の低い淘宝よりも天猫国際の直営店で購入しようとします。それにより代理購入者の淘宝を撲滅したのです。

2019年実績は、転売業者の取り締まり強化で、百貨店の売上が21億8400万円のマイナスとなる中、免税店や天猫国際、アジアローカル市場の開拓を進めたことで22億8600万円のプラスとなり、全体売上（686.4億円、前期比100.6%）と前年実績を死守できたそうです。

筆者は、さすが既存愛用者を大事にするアルビオンと感心しました。

Data

資料編

- 化粧品メーカー、ブランド一覧
- 索引
- 参考資料

化粧品メーカー、ブランド一覧

本文中に登場したメーカー、ブランドのホームページです。

ブランド名（またはメーカー名） ホームページアドレス
（グループ）／主なチャネル

ア行

RMK http://www.rmkrmk.com/
（カネボウ・花王）／百貨店

アウェイク http://www.awake.co.jp/
（コーセー）／百貨店

アヴェダ http://www.aveda.co.jp/
（エスティローダー）／百貨店

アクセーヌ http://www.acseine.co.jp/
（ピアス）／百貨店・専門店

アディクション http://www.addiction-beauty.com/
（コーセー）／百貨店

アテニア http://www.attenir.co.jp/index.html
（ファンケル）／通販

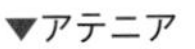
▼アテニア

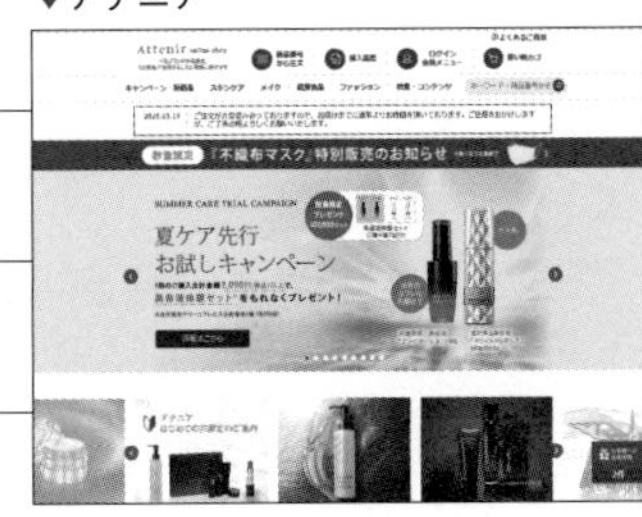

アナ スイ コスメティックス http://www.annasui-cosmetics.com/
（アルビオン・コーセー）／百貨店・専門店

アムウェイ http://www.amway.co.jp/
（アムウェイ）／訪問販売

アモレ・パシフィック http://www.laneige.co.kr/index.jsp
（アモレ・パシフィック）／訪問販売・百貨店・GMS・専門店 ＊韓国

アユーラ http://www.ayura.co.jp/
（アインツファーマシー）／バラエティストア・専門店

アラミス http://www.estee.co.jp/our_brands.html#10
（エスティローダー）／百貨店

アルビオン http://www.albion.co.jp/top.html
（コーセー）／百貨店・専門店

井田ラボラトリーズ http://www.idalabo.co.jp/
（井田ラボラトリーズ）／GMS・ドラック・専門店

イプサ http://www.ipsa.co.jp/index.htm
（資生堂）／百貨店

▼井田ラボラトリーズ

イヴサンローラン　http://www.ysl.com/
（ロレアル）／百貨店

ヴァーナル　http://www.vernal.co.jp/
（ヴァーナル）／通販

エイボン　http://www.avon.co.jp/
（エイボン・プロダクツ）／訪問販売

エクスボーテ　http://exbeaute.com/
（ジークス）／通販・バラエティストア

▼エクスボーテ

エスティローダー　http://www.esteelauder.co.jp/
（エスティローダー）／百貨店

エスト　http://www.sofina.co.jp/est/
（花王）／百貨店

エテュセ　http://www.ettusais.co.jp/
（資生堂）／バラエティストア・専門店

▼エテュセ

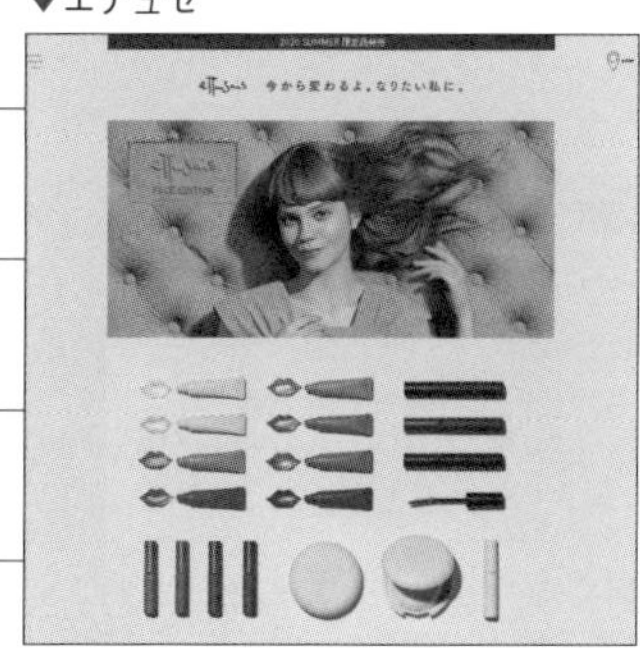

エフティ資生堂　http://www.ft-shiseido.co.jp/
（資生堂）／GMS・ドラック・専門店

MD 化粧品　http://www.mdcosme.co.jp/
（エムディ化粧品）／クリニック等

エレガンス　http://www.elegance-cosmetics.com/
（アルビオン・コーセー）／専門店

オバジ　http://www.obagi.co.jp/
（ロート製薬）／クリニック・ドラック

オルビス　http://www.orbis.co.jp/
（ポーラ）／通販

カ行

カネボウ　http://www.kanebo-cosmetics.co.jp/index.html
（カネボウ・花王）／専門店・GMS・ドラック・百貨店

カネボウコスメット　http://www.cosmette.com/
（カネボウ・花王）／専門店・GMS・ドラック

キスミー　http://www.kissme.co.jp/
（伊勢半）／GMS・ドラック

クラランス　http://www.clarins.com/
（クラランス）／百貨店

クリスチャン・ディオール　http://www.dior.com/
（LVMH）／百貨店

▼クリスチャン・ディオール

クリスタルジェミー　http://crystal.jemmy.co.jp/
(クリスタルジェミー）／通販

クリニーク　http://www.clinique.co.jp/
(エスティローダー）／百貨店

▼ケサランパサラン

ケサランパサラン　http://www.kesalanpatharan.co.jp/
(ピアス）／バラエティストア・百貨店

ゲラン　http://www.guerlain.co.jp/index.html
(LVMH）／百貨店

KENZO　http://www.kenzoki.jp/
(LVMH）／百貨店

K-パレット　http://www.cuore-cosme.com/kpalette_top.html
(クオレ）／バラエティストア

コーセー　http://www.kose.co.jp/
(コーセー）／専門店・GMS・ドラック・百貨店

サ行

サナ　http://www.sana.jp/
(ノエビア）／GMS・ドラック

シスレー　http://www.sisley-cosmetics.com/sisley_index.jsp
(シスレー）／百貨店

資生堂　http://www.shiseido.co.jp/
(資生堂）／専門店・GMS・ドラック・百貨店

ジバンシィ　http://www.parfumsgivenchy.co.jp/
(LVMH）／百貨店

▼サナ(ノエビア)

シャネル　http://www.chanel.com/
(シャネル）／百貨店

シュウウエムラ　http://www.shu-uemura.co.jp/
(ロレアル）／百貨店

ジュジュ化粧品　http://www.juju.co.jp/
(ジュジュ化粧品）／GMS・ドラック

SUQQU　http://www.suqqu.com/
(カネボウ・花王）／百貨店

スリー　http://www.threecosmetics.com/
(ポーラ）／百貨店

草花木果　https://www.sokamocka.com
(スクロール）／通販

ソニーシーピーラボラトリーズ　http://www.sonycplabo.co.jp/
（ソニー）／バラエティストア

ソフィーナ　http://www.sofina.co.jp/
（花王）／GMS・ドラッグ・専門店

タ行

ダーマサイエンス　http://www.dr-products.com/
（ドクタープロダクツ）／バラエティストア

ダスキン　http://www.duskin.co.jp/jigyou/other/index.html#hb
（ダスキン）／訪問販売

ちふれ　http://www.chifure.co.jp/
（ちふれ）／百貨店・バラエティストア

茶のしずく　http://www.yuuka.co.jp/
（悠香）／通販

DHC　http://www.dhc.co.jp/
（DHC）／通販・コンビニ

ディシラ　http://www.dicila.co.jp/index.htm
（資生堂）／専門店

ドゥラメール　http://www.estee.co.jp/our_brands.html#10
（エスティローダー）／百貨店

ドクターケイ　http://www.doctork.jp/
（ドクターケイ）／百貨店・バラエティストア

ドクターシーラボ　http://www.ci-labo.com/
（ドクターシーラボ）／通販・百貨店・バラエティストア

ドクター・ルノー　http://www.mandom.co.jp/drrenaud/
（マンダム）／エステティックサロン

ドモホルンリンクル　http://www.saishunkan.co.jp/domo/
（再春館製薬）／通販

トワニー　http://www.kanebo-cosmetics.co.jp/twany/home.
（カネボウ・花王）／専門店

▼ドクターシーラボ

▼トワニー

ナ行

ナガセビューティケア　http://www.nagase.co.jp/beauty/
（長瀬産業）／訪問販売

ナリス　http://www.naris.co.jp/top.html
（ナリス）／訪問販売・通信販売・GMS・ドラッグ

ニュー スキン ジャパン　http://www.nuskin.co.jp/
（ニュー スキン ジャパン）／訪問販売・通信販売

ユニリーバ・ジャパン　http://www.unilever.co.jp/
（ユニリーバ・ジャパン）／GMS・ドラック

▼ユニリーバ・ジャパン

日本ロレアル　http://www.nihon-loreal.co.jp/_ja/_jp/
（ロレアル）／百貨店・GMS・ドラック

ネライダ　http://www.neraida.jp/
（ネライダ）／クリニック等

ノエビア　http://www.noevir.co.jp/
（ノエビア）／訪問販売

ノブ　http://www.nov.jp/index.htm
（ノエビア）／バラエティストア等

ハ行

ファンケル　http://www.fancl.co.jp/
（ファンケル）／通販・直営店

▼フィルナチュラント

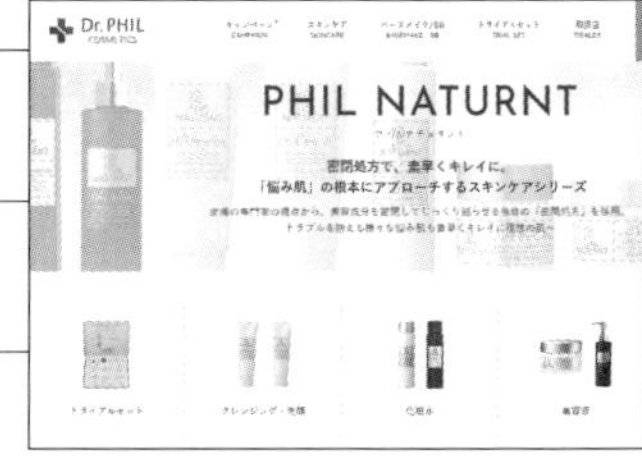

フィルナチュラント　http://www.phil-inc.com/
（コーセー）／専門店等

フルベール化粧品　http://www.flouveil.com/
（クラブ）／訪問販売

ブルジョワ　http://www.bourjois.jp/
（シャネル）／バラエティストア

プレディア　http://www.kose.co.jp/predia/
（コーセー）／専門店

▼プレディア

プロアクティブ　http://www.grj.jp/proactiv/
（ガシーレンカージャパン）／通販

ヘレナルビンスタイン　http://www.helenarubinstein.com/
（ロレアル）／百貨店

ポーラ　http://www.pola.co.jp/
（ポーラ）／訪問販売・百貨店

ポーラデイリーコスメ　http://www.pola-dailycosme.co.jp/
（ポーラ）／GMS・ドラック

ポール&ジョー　http://www.paul-joe-beaute.com/
（アルビオン・コーセー）／百貨店

ボビィブラウン　http://www.estee.co.jp/our_brands.html#10
（エスティローダー）／百貨店

マ行

M・A・C　http://www.estee.co.jp/our_brands.html#10
(エスティローダー) ／百貨店

マキアレイベル　http://macchialb.com/macchialb/
(JIMOS) ／通販

マンダム　http://www.mandom.co.jp/
(マンダム) ／ GMS・ドラック

MISSHA ジャパン　http://www.misshajp.com/
(MISSHA ジャパン) ／通販・直営店

ミキモト化粧品　http://www.mikimoto-cosme.com/
(御木本) ／訪販

明色化粧品　http://www.meishoku.co.jp/
(明色化粧品) ／ GMS・ドラック

メイベリン　http://www.maybelline.co.jp/
(ロレアル) ／ GMS・ドラック

メナード　http://www.maybelline.co.jp/
(ダリヤ) ／訪問販売

▼M・A・C

▼マンダム

ヤ行

ヤクルト化粧品　http://www.yakult.co.jp/cosme/
(ヤクルト) ／訪問販売

ヤマノ　http://www.doronko.co.jp/index1.html
(山野) ／訪問販売

▼MISSHA ジャパン

ラ行

ライオン　http://www.lion.co.jp/index2.htm
(ライオン) ／ GMS・ドラック

ラフィネ　http://www.shinnihonseiyaku.co.jp/
(新日本製薬) ／通販

ランコム　http://www.lancome.jp/
(ロレアル) ／百貨店

リサージ　http://www.lissage.co.jp/
(カネボウ・花王) ／専門店

リンサクライ　http://www.linn.co.jp/
(リンサクライ) ／百貨店・直営店

▼ヤクルト化粧品

ルナソル　http://www.selective-beauty.jp/lunasol/index.html
（カネボウ・花王）／百貨店

レブロン　http://www.revlon-japan.com/
（レブロン）／GMS・ドラック

RoC　http://www.jnj.co.jp/consumer/index_roc.html
（ジョンソン・エンド・ジョンソン）／バラエティストア

ロレアルパリ　http://www.lorealparis.jp/
（ロレアル）／百貨店・GMS

▼ルナソル

▼レブロン

あとがき

本書は二〇二〇年春に執筆しています。ちょうどコロナウィルスで外出自粛の時期です。本書が発売されているころはいったいどういう状況になっているかと不安に思っています。

コロナ以後は中国に製造拠点を依存せず、業界によっては製造拠点を日本に戻そうとしていることでしょう。日本の化粧品産業の強みは製造を国内で完結していけることだと思います。

この第5版と前回の第4版で大きく違うのは12章の中国化粧品に関する内容です。

実は、筆者は現在、中国市場に化粧品を販売することのお手伝いを数社で行っています。すべて実体験で執筆しており、このような内容はあまり読まれたことがないと思います。

中国ビジネスについて披露したい内容はまだまだたくさんありましたが、ページに限りがありました。

中国では資生堂や花王といったブランドはよく知られていますが、上位数社以外のブランドは知られていません。それは当然で私たちだって外国での化粧品の売上順位なんてまったくわかりません。

中国で驚くような売上をしている日本のブランドなのに、日本ではまったく知られていないブランドもたくさんあります。

その背景には、そのブランド独自の中国戦略が成功したのだと思います。そこに大きなビジネスチャンスがあります。

中国市場は魅力のある市場です。皆様のビジネスが中国でも成功される一助になればと思います。中国市場戦略にご興味のある方はぜひ筆者にメール等でご連絡ください。

梅本博史
umemoto@ba-school.jp

Memo

図解入門 How-nual

索引

INDEX

た行

さ行

な行

は行

わ行

アルファベット

記号

ま行

や行

ら行

参考資料

第１章

総務省統計局ホームページ　http://www.stat.go.jp/data/kokusei/

第２章

『資生堂　驚異の販売組織』 坂井幸三郎　日本実業出版社

『経営不在　カネボウの迷走と解体』 日本経済新聞社編　日本経済新聞社

第７章

『化粧品のブランド史』 水尾順一　中公新書

東京都福祉保険局ホームページ　http://www.fukushihoken.metro.tokyo.jp/yakuji/

アットコスメ　http://www.cosme.net/

第９章

「通販新聞」 通販新聞社

『ファンケル　あくなき挑戦』 神奈川新聞社編集委員会　神奈川新聞社

第１０章

『化粧品のブランド史』 水尾順一　中公新書

『連鎖販売取引の解説』「特商法」研究会編　日本流通経済新聞社

●著者紹介

梅本　博史（うめもと　ひろふみ）

1958年	滋賀県生まれ。
1980年	早稲田大学政治経済学部卒業。
1980年	カネボウ化粧品入社。 営業、マーケティング、商品開発
1996年	（株）セシール入社。 通販化粧品担当
2001年	化粧品コンサルタント開始。 中小企業診断士

email：umemoto@ba-school.jp

図解入門業界研究
最新化粧品業界の動向とカラクリがよ～くわかる本［第５版］

発行日　2020年7月1日　　第1版第1刷

著　者　梅本　博史

発行者　斉藤　和邦
発行所　株式会社　秀和システム
〒135-0016
東京都江東区東陽2-4-2　新宮ビル2F
Tel 03-6264-3105（販売）Fax 03-6264-3094
印刷所　三松堂印刷株式会社　　Printed in Japan

ISBN978-4-7980-6218-1 C0033